李高产栽培技术

LI GAOCHAN ZAIPEI JISHU

吕平会　何佳林　魏养利　主编

中国科学技术出版社
·北京·

图书在版编目（CIP）数据

李高产栽培技术 / 吕平会，何佳林，魏养利主编 . —北京：中国科学技术出版社，2017.8

ISBN 978-7-5046-7616-0

Ⅰ.①李… Ⅱ.①吕… ②何… ③魏… Ⅲ.①李—高产栽培 Ⅳ.① S662.3

中国版本图书馆 CIP 数据核字（2017）第 188961 号

策划编辑	刘　聪　王绍昱	
责任编辑	刘　聪　王绍昱	
装帧设计	中文天地	
责任印制	徐　飞	

出　　版	中国科学技术出版社	
发　　行	中国科学技术出版社发行部	
地　　址	北京市海淀区中关村南大街16号	
邮　　编	100081	
发行电话	010-62173865	
传　　真	010-62173081	
网　　址	http://www.cspbooks.com.cn	

开　　本	889mm×1194mm　1/32	
字　　数	120千字	
印　　张	4.625	
版　　次	2017年8月第1版	
印　　次	2017年8月第1次印刷	
印　　刷	北京威远印刷有限公司	
书　　号	ISBN 978-7-5046-7616-0 / S・677	
定　　价	18.00元	

（凡购买本社图书，如有缺页、倒页、脱页者，本社发行部负责调换）

本书编委会

主 编

吕平会　何佳林　魏养利

参 编

季志平　王鸿喆　何景锋　李秀红

Contents 目录

第一章
概　述

我国是李树的原产地，据考证，大约在3 000年前即有栽培，全国各地均有分布。李树适应性强，对气候、土质等条件要求不严格，栽培技术容易掌握，进入结果期早，经济效益显著。李树既可大面积种植，又适于房前屋后栽培。

李果是夏令时节上市的鲜果品种，含糖量高，营养丰富，早、中、晚熟品种可连续供应鲜果4个月。李果除鲜食外，还可加工成糖水罐头、蜜饯、李脯、李汁，深受国内外市场欢迎。当前，苹果的产量已相对过剩，果价出现了波动，但李子无论鲜果还是加工品，在国内外都十分畅销，而且售价较高。

一、我国李的生产栽培地区划分

李在我国的分布极广，除青藏高原等高海拔地区外，从南部台湾至最北部的黑龙江，从东南沿海至最西部的新疆，均有栽培、半栽培或野生的李资源，垂直分布的最高海拔可达4 000米。由于各地的生态条件差异较大，加上长期以来的人工选择，我国出现了许多各具特色的栽培区域及地方品种群。我国李的生产栽培地区，具体可分为东北区、华北区、西北区、华东区、华中区、华南区、西南区及西藏地区。

（一）东北区

本区包括黑龙江省、吉林省、辽宁省和内蒙古自治区东部。本区气候寒冷，半干旱，冬季时间较长，春、秋季节较短，年平均气温为 0℃～10.3℃，1 月份的平均气温为 –26.6℃～5.2℃，≥10℃年有效积温为 2 000℃～4 000℃。年日照时间为 2 400～3 200 小时，无霜期为 100～180 天。年降水量为 100～800 毫米。全区降水量呈由西向东逐渐增加的趋势，雨季为 7～8 月份。

本区土壤为褐色土、黑钙土和草原土等类型，局部地区有盐碱土。

李资源在本区分布于海拔 800 米以下的地域。其栽培北界由东向西为黑龙江的富锦—鹤岗—伊春—海伦—依安—齐齐哈尔—内蒙古的林东—临河。这也是中国李栽培北界的东段。

本区的李有 7 个种，主要栽培种为中国李，少量栽培的有杏李、欧洲李和美洲李，偶见加拿大李和乌苏里李，辽宁南部为中国樱桃李中红叶李变型的栽培北限。在鄂伦春和大兴安岭的加格达奇等地，有野生李资源。据不完全调查，本区共有栽培、半野生和野生李资源 189 份。其中，黑龙江 35 份，吉林 76 份，辽宁 41 份，内蒙古 37 份。

本区李的主要经济产地为黑龙江的绥棱、明水、呼兰、宾县、巴彦、尚志、牡丹江、密山、海林、勃利、富锦和东宁等地，以及友谊农场与 597 农场等；吉林的永吉、延吉、和龙、蛟河、东丰、柳河、通化、桦甸和长春等地；辽宁的锦西、锦县、瓦房店、兴城、盖州、普兰店和东港等地；内蒙古自治区的赤峰。全国栽培李树最集中的地区是辽宁的葫芦岛，主栽品种为秋李。这也是我国北方李产量最多、栽培面积最大的地区之一。

（二）华北区

本区包括河北省、山东省、山西省、河南省、北京市和天津市。该区夏热多雨，冬寒晴燥，春多风沙，秋季短促。年平均气温为 10℃～16℃，1 月份的平均气温为 –10℃～0℃，≥10℃年有效积温为 3 000℃～4 000℃，持续 150～200 天。年日照时间为 2 400～2 800 小时。无霜期为 150～220 天。年降水量为 500～800 毫米，雨季为 7～8 月份。

本区地势多为平原，土壤为褐色土，沿海、黄河与海河故道为轻盐碱土。

本区的李有 7 个种。中国李为其主栽种，辅栽种为欧洲李和杏李，偶见美洲李、樱桃李的变种红叶李和紫叶李等，在北京植物园保存有黑刺李和乌荆子李两个种。据调查，本区共有李的品种和类型 230 份，其中河北有 50 份，山西有 7 份，山东有 90 份，河南有 50 份，北京有 33 份。天津市近年来开始从国内外引进李试栽。

这一地区李品种资源丰富，自然条件适宜李树生长，但由于本区是中国苹果的主要产区，其苹果产量占全国苹果产量的 70%～80%，所以其他果树发展得较少，李也没有形成集中连片的经济产地。李栽培相对较多的地区，有河北的昌黎、怀来、易县和遵化；山东的沂水、沂源、临沭、鄄城、昌乐、安丘、乳山、莱阳和单县等地；北京郊区及南口农场；河南的济源、孟县、博爱、巩义、辉县、洛阳、南乐和内黄等地。河北的昌黎和山东的烟台一带是栽培欧洲李较多的地区。

（三）西 北 区

本区包括陕西省、甘肃省、青海省、宁夏回族自治区和新疆维吾尔自治区及内蒙古自治区的西部。本区属于大陆性干旱气候，冬春寒冷时间较长，但气温并不过低，夏季平均气温又不过高，降水量少。年平均气温为 –5℃～14℃，1 月份平均气温为 –15℃～0℃。≥10℃的年有效积温为 2 500℃～3 500℃，持续时间为 150～200 天。年日照时间为 2 600～3 400 小时，无霜

期为 100～200 天。年降水量为 50～800 毫米。

这一地区地势较复杂，区内多高原和盆地。土壤多为黄土，土层厚 50～150 米，有部分黑钙土、栗钙土及盐碱土等。李资源分布的最大海拔高度为 2 700 米（青海）。内蒙古的临河—新疆的哈密—奎屯—塔城—阿勒泰一线，为中国栽培李分布北界的西段。

本区的李抗寒、抗旱，果实较小，但其含糖量较高，一般品种的果实可溶性固形物含量达 17%～20%，最高达 23%（奎丰李）。新疆欧洲李的优良品种有贝干、阿米兰、爱奴拉、小酸梅和大酸梅等；中国李的优良品种有奎丰、奎丽、奎冠和玉皇李等；杏李的优良品种有西安大黄李和转子红等。

（四）华 东 区

本区包括江苏省、安徽省、浙江省、福建省、台湾省和上海市。本区属于温带—亚热带气候区，多受湿润季风的影响，海洋性气候由北而南、由西向东逐渐显著。年平均气温为 13℃～22℃，1 月份平均气温为 0℃～15℃，≥10℃年有效积温为 4 500℃～8 500℃，持续时间为 200～300 天。年日照时间为 1 800～2 400 小时。无霜期为 200～350 天。年降水量为 800～1 600 毫米，雨季为 4～6 月份。

本地区的地势，除上海市和江苏省为平原外，其他多是山地。武夷山的黄岗山海拔 2 158 米，为本区陆地最高峰。台湾阿里山的玉山海拔 3 950 米，为本区最高峰。本区土壤为黄褐土或砖红壤土，pH 值为 5.5～6.5，为微酸性。

李在本区主要分布于海拔 1 000 米以下的区域，分布的最高海拔可达 2 000 米（台湾的梨山），多数栽培在海拔 200～500 米处的山丘上。

本区共有 4 个种，主栽种为中国李，有少量欧洲李和美洲李及樱桃李的变种红叶李。在浙江和福建一带，有中国李的一个新变种——棕李。据调查，本区共有李品种147份，其中江苏有12份，安徽有30份，上海有10份，浙江有30份，福建有50份，台湾有15份。

本区李的特点是果实较大，多红肉类型，适宜于加工嘉应子和蜜饯等；果实产量较高，但抗寒力较差，适宜高温、多湿的生态环境。主要优良品种有棕李、红心李、芙蓉李、花棕、花螺李、苏丹李、圣大罗莎、美丽李、牛心李（中国李）、夫人李、桃子李和潘园李（早黄李）等。

（五）华 中 区

本区包括湖北省、湖南省和江西省，属于亚热带湿润季风气候。年平均气温为13℃～20℃，1月份平均气温为1℃～9℃，≥10℃年有效积温为5 000℃～6 000℃，持续时间达225～290天。年日照时间为1 400～2 000小时。无霜期为250～350天。年降水量为1 200～1 600毫米。其雨季，在湖南省和江西省为4～6月份，在湖北省为6～8月份。

本区的山地和丘陵占其总面积的70%～80%。大神农架海拔3 053米，为本区最高峰。区内多河流和湖泊。土壤为黄褐壤土或红壤土，呈微酸性。全区均有李资源分布。

本区有中国李、欧洲李、美洲李和樱桃李4个种，中国李为主栽种。据调查，本区共有李资源71份，其中湖北有21份，湖南有30份，江西有20份。本区的李资源耐高温，不耐寒冷。其栽培品种良莠不齐，优劣差异较大。优良品种有白糖李、苹果李、空心李、玉皇李、红心李、芙蓉李、花棕、青棕、油棕、黄冠李、前坪李和黑宝石李等。

（六）华 南 区

本区包括广东省、广西壮族自治区和海南省，属亚热带—热带湿润季风气候。年平均气温为17℃～26℃，1月份平均气温为

6℃～21℃，≥10℃年有效积温为6000℃～8500℃，持续日数为260～365天。年日照时间为1600～2600小时。无霜期为300～365天。年降水量为1400～2000毫米，雨季为4～6月份。

本区的山地和丘陵占其总面积的60%～85%。最高的石坑崆海拔为1902米。区内多河流水源，土壤为红壤土和黄褐壤土，呈微酸性。

在本区的雷州半岛以南，包括海南、南海诸岛，基本没有李资源。从广州至雷州半岛，李资源明显减少，且生长不良。因此，本地为中国李的栽培南限。这条南线大体与我国≥10℃年有效积温为8000℃的等值线相吻合，此线以南为无李区。在年有效积温为7000℃～8000℃之间的地区，即广东和广西的南部，李树生长不良，为不适宜李树栽培区。在年有效积温7000℃等值线以北，李树生长正常，栽培较多，常见其与香蕉、枇杷和木瓜等热带果树混生。

据考察，在本地区仅有中国李及变种椤李，未发现其他李种。全区共有李资源73份，其中广东有23份，广西有50份。其特点是耐高温、高湿，休眠期短，红肉品种多，果实较大。著名优良品种有三华李品种群，包括大蜜李、小蜜李、鸡麻李和白肉鸡麻李；南华李品种群，包括正竹系和水竹系等品种，鸡心李、椤李、铜盘李、黄腊李、大水李和桐壳李等。主栽品种为从化三华李。近年来，该区的鸡麻李、大蜜李、铜盘早李和黑宝石李等在港、澳市场极受欢迎。

（七）西南及西藏

本区包括四川省、贵州省、云南省和西藏自治区，生态条件极为复杂。云南为亚热带—热带高原型湿润季风气候，贵州和四川东部为亚热带湿润季风气候，四川西部为温带、亚热带高原气候，西藏为高原气候。除四川盆地外，均为高原和高山区，峡谷纵横幽深，上、下气温和植被差异很大，李资源分布的垂直高度也各不相同。在四川，李分布于海拔 100～1 900 米的地域，其中以海拔 220～1 350 米的地域最多。在贵州，李分布于海拔 300～2 700 米的地域。在云南，李一般分布于海拔 1 100 米以上的地域，在滇西的泸水地区则分布于海拔 1 400 米的地域，在祥云地区则分布于 2 200 米的地域，在滇西北的中甸地区则分布于 3 300 米的地域。在西藏，李分布于海拔 2 700～3 800 米的地域。

据考察，本区有中国李、欧洲李、加拿大李和樱桃李 4 个种。其中，中国李包括毛梗李和椋李两个种。此外，尚有许多野生李资源类型：从树形上看，有乔木、灌木和匍匐等类型；从叶片上看，有大小之分；从果实上看，有红、黄、绿、白等色的差异。白、瑶、彝等少数民族，称李为"鬼李子"；傈僳族称李为"李子涝"。

本区李资源的特点是引入的栽培品种多，当地野生资源多，果实普遍较小，多垂直分布，没有集中产区。

本区李的主要栽培品种，在四川为江安李（白李）、金蜜李、早黄李、玫瑰红李和红心李等，在贵州为酥李（青脆李）、姜黄李、鸡血李、黄腊李、铜壳李和牛心李（中国李）等，在云南以金沙李为最多。

二、我国李的发展趋势

优良品种是高效农业生产的基础。生产要适应市场的变化，市场的导向决定着品种的发展趋势。我国李品种的发展，呈现出以下几个趋势。

第一，大果、美观、优质品种是鲜食李的发展方向。果个大，外观美，质量优良，这一直是李育种的目标之一，也是市场的要求。此类果品深受消费者的喜爱。但是，目前具有这些品质特点的李品种比较少，不能满足各类消费群体的需求。而且，具备这些品质特点的品种，一般抗性较差，易遭受环境条件影响及病虫危害。这就一方面要求栽培者加强栽培管理，生产出优质的果品，另一方面要求育种工作者培育、选育或引入性状优良的品种，以适应市场的需要。

第二，早、中、晚熟品种合理搭配。品种结构不合理是我国李生产存在的主要问题之一。极早熟、早熟、晚熟与极晚熟品种所占比例很小，中熟品种较多，造成李成熟期过分集中，市场供应期短。因此，合理地发展早、中、晚熟品种，使李鲜果供应期延长，是李产业发展的一个趋势。

第三，适地适栽，充分发挥品种的优良特性。优良的地方品种是在特定的环境条件下形成其特殊的优良性状的，是长期自然选择的结果，再加上每个品种的适应范围都不同，如有些品种不抗寒、有些品种不耐湿、有些品种不抗旱等，因此栽培者要根据不同品种的不同特点，有选择地进行栽培。要充分发挥该品种的优良性状，充分展现该品种的经济价值，使其达到最好的经济效益，做到适地适栽。

第四，发展优良的耐贮运和加工用品种。李因为成熟期集中、货架期短，被称为时令性水果。要实现李鲜果的周年供应，仅靠品种间成熟期的搭配是做不到的，还要考虑果实采摘后的贮藏问题，以及品种本身的耐贮运性问题。因此，培育或选育耐贮性强、品质好的晚熟品种是李育种的一个发展方向。在我国李栽培品种中，鲜食品种多，加工专用或兼用品种少，加工制品缺乏市场竞争力，从而影响我国李规模化生产的发展。在美国，所生产的李果实，除一部分用于外销以外，其余内销的果品绝大部分用于加工，其中45%用于加工浓缩李汁，36%用于加工李干，14%用于贮藏，3%用于加工罐头，1%左右的果实用于加工婴幼儿食品，再用1%左右的果实加工李酱。其强大的加工业，极大地带动了当地果业以及与之配套的服务业的发展。向加工业发展，增加李的加工力度，加大加工品种在李品种结构中的比例，是李产业发展的必然趋势。

第五，重视砧木的研究和利用。虽然桃和毛樱桃可以作为李的砧木，但其本砧的亲和性是最好的。设施栽培在我国正如火如荼地发展，但如何利用设施有限的空间尽可能多地获得效益，是广大设施栽培者一直思考的问题。提高单位面积产量，无疑是一个很好的解决办法，但对于比较高大的李品种，如何使其高度降下来，既便于操作，又提高产量是种植者一直关注的问题，其实利用矮化砧木就可以做到。此法可以有效地利用土地，并提高李产量。但目前李还没有良好的矮化砧木。另外，核果类果树的根癌病发病率较高，对生产的危害较大，现在已经有人在研究桃和樱桃的抗根癌病砧木。据此分析，在李抗根癌病砧木方面的研究，也许是改善李品种的途径之一。

第六，关注观光果业的发展。近些年来，观光果业在我国发展迅速。人们不再光是满足于吃果，还要利用果树的特点，如叶色、花形、花色、果形和果色等的不同，使果树也向观光果园、艺术盆景和道路绿化等方向发展。因此，挖掘李观赏资源，也是李产业发展的一个方向。

第二章
李树的植物学特征

一、根

根是果树的重要营养器官，根系发育好坏对地上部生长结果有重要影响。李树根系发达，吸收根主要分布在地表下20～60厘米的土层内。水平根分布的范围则常比树冠直径大1～2倍。根系也受树体地上各器官的制约，因此根系多呈波浪式生长。幼树全年之内出现3次发根高峰：春季随着地温上升，根系开始活动，当土壤温度适宜时，出现第一次生根高峰；随着新梢开始生长，养分集中供应地上部，根系活动转入低潮，当新梢生长缓慢、果实开始膨大时，此时出现第二次生根高峰；北方进入雨季后，土壤温度稍低，出现第三次生根高峰。成年李树，全年只有春、秋2次生根高峰。

李树根系在土壤中的排列有明显的层次性，一般分为2～3层。各层的生长习性差别很大，最上层根角度大且分根性强，因为距地表较近，所以容易受到环境变化的影响；下层根角度小，分根性弱，因为距地表较远，所以受地上部环境改变的影响较小。在年周期中生长根系活动延续时间较长。

李树根系在适宜的条件下可周年生长，其长势的强弱因土壤温度、水分、养分和通气情况而异。土壤温度与根系的关系十分密切。在正常情况下，根系没有自然休眠。温度与根生长的关系主要是影响根对水分的吸收，低温条件下水的滞性增大，扩散减慢，因而影响吸收。低温还降低根的呼吸作用，产能不足，吸收功能减弱。李树根系开始生长的温度为6℃～7℃，随着地温的升高，根系活动加强，15℃～22℃为根系活跃期；超过22℃，根系生长缓慢。土壤水分和通气条件对根的生长也有直接影响。李树以土壤含水量为田间持水量的60%～80%时，最适于根的生长。若土壤干旱，即使其他条件适宜，根系也不能正常生长；若土壤过湿，通气不良，则根系生理活动也会受影响，甚至引起烂根，通气良好时，须根吸收功能较强。由此可见，要增加根量、提高根的功能，必须保持土壤疏松而通气良好。这也是沙壤土中果树须根量大、结果早的原因。

土壤养分和微生物活动也影响根的生长。在一般土壤条件下，土壤养分状况不致处于根系不能完全生长的水平，但根系总是向肥多的地方生长，尤其是有机肥，可使李树发生更多的吸收根。

二、芽

芽是枝、叶和花的原始体，所有枝、叶和花都是由芽发育而成的。所以，芽也是李树生长、结果及更新复壮的基础。李芽有花芽与叶芽之分。多数品种在当年枝条的下部，多形成单叶芽，而在枝条的中部形成复芽（包括花芽），在枝条接近顶端又形成单叶芽。

由于枝条内部营养状况和外界环境条件不同，生长在同一枝条上不同部位的芽，存在着差异现象，称之为芽的异质性。比如，树冠外围发育枝中部的叶芽比较饱满，生命力旺盛，用这些芽作接穗繁殖的李苗成活率高。还有，位于顶端的芽发枝力强，位置越向下，发枝力越弱。

李树的花芽是纯花芽，肥大而饱满，芽发后只开花不生枝叶，每个花芽内包孕着 1～4 朵花的花序，开花时花序抽出，花朵开放。

一般的李树普遍存在 1～3 个芽，中央芽为叶芽，两边的芽多为花芽。有 2 个芽的一个是花芽，另一个是叶芽。只 1 个芽的，或是叶芽，或是花芽。

李树芽的萌发特点，可分为活动芽和潜伏芽（隐芽）。活动芽是当年形成，当年或第二年萌发；潜伏芽经 1 年或多年潜伏后才萌发，潜伏芽寿命的长短与老树更新有很大关系。李树的潜伏芽较少，不利于枝条更新。

三、枝

李树是多年生的落叶小乔木，李树具有强壮的枝干和一定形状的树冠。枝干和主茎的功能一样，主要是运输水分、养分，支撑叶、花、果实，并储藏营养。

根据枝着生的位置和作用不同，可将其分为主枝、侧枝、小侧枝。又根据枝条的性质不同，可分为营养枝和结果枝。营养枝一般由当年生新梢发育而成，生长较壮，组织充实。营养枝上着生叶芽，能抽出新梢、扩大树冠或形成新的枝组。结果枝条上着生花芽，能开花结果。结果枝可分为下列几种类型：①长果枝：长 30 厘米以上，能结果又能形成健壮的花束状果枝。②中果枝：长 10～30 厘米，结果后可发生花束状结果枝。③短果枝：长 5～10 厘米，其上多为单花芽。④花束状果枝：短于 5 厘米，全为花芽，只有顶芽为叶芽。

中国李的主要结果枝为花束状果枝和短果枝，而美洲李和欧洲李则以中、短果枝为主。

李树枝条的生长在一年之内表现出有节奏的变化。春天萌芽后，新梢开始生长，由于此时气温较低，尚未展叶，新梢生长消耗的养分是前一年树体内的储存部分，生长速度很慢，节间短、叶子小。随着气温上升，根系生长，叶片大量制造养分，新梢开始旺盛生长，枝条节间长、叶片大，叶腋内的芽充实饱满。这个阶段对水分要求十分严格，如果水分不足，那么枝条容易早期停止生长，影响生长与结果；如果水分过多，那么枝条容易徒长，不能按期停止生长，不利于花芽分化，越冬期容易受冻。新梢旺盛生长后，6月末到7月初新梢生长缓慢，部分新梢停止生长，开始积累养分。花芽分化加快，枝条加粗生长明显。之后，随着雨季来临，养分供应充分，新梢又开始生长。此时，由于新梢形成晚，接近落叶，多数枝条成熟的不好。为区分新梢前后两段，多称第一次停长前的新梢为春梢，后者为秋梢。春梢健壮而充实，秋梢组织疏松，易受冻害。

四、叶

植物体内有9%左右的干物质是靠叶片合成的，叶片是植物进行光合作用、制造养分的主要器官。一株李树上叶片的数量及分布情况，对李树的丰产、稳产和果实品质，都有密切的关系。据研究，晚红李若能确保每个果15～20片叶，则树体健壮，有利于生长和结实。

在一年中，叶开始生长和迅速加大的时期与新梢大致相同。在我国北部地区，由于生长季节较短，因而适当加强早春肥水供应，使叶面积迅速扩大，对于李树的丰产是很关键的。

叶片颜色的转变也有一定的顺序。当叶初展开时，正是盛花时期，此时树体养分大部分用于开花，所以在展叶初期生长很慢，叶片小而薄，为黄绿色。直到花落以后，叶片迅速增大，颜色也变为浓绿色。

李树的叶片是互生的，依着一定的顺序，在新梢上呈螺旋状排列。李树的叶序一般为2/5，在两次循环内着生5片叶子，而第六片叶子与第一片叶在枝条上处于同一方位。了解叶序，可为

整形修剪控制枝条的方位提供依据。李子种类不同，则叶片形状不同，如中国李、欧洲李、樱桃李、杏李的叶形就各有特点。

叶片停止生长期因不同枝条类型而有所差异。花束状果枝在5月下旬至6月上旬封顶，其叶片也随之停止生长。短果枝的封顶时间晚于花束状果树。当年的发育枝叶片停长较晚，盛果期的叶片8月末停止生长，而幼树将延迟至9月份才停长。

五、花

花是植物的生殖器官，李树为两性花，属于子房上位，李花较小，为白色。花一般由花梗、花托、花萼、花冠、雄蕊、雌蕊等组成。

果树形成花芽是开花结果的先决条件，花芽的数量和质量对果品的产量和质量有重要意义。李树的花芽分化较早，据北京农学院对核李的观察，花芽分化最早出现在6月2日，分化高峰在7月7日，分化期可延续到7月底。花蕾形成期在6月底至8月初；萼片形成期在7月下旬至8月中旬；花瓣形成期为8月初至8月底；雌蕊形成期为8月11日至9月初；雌蕊形成期在8月19日至9月8日；胚珠、胚囊和花粒粉的形成则在翌年春季。

李树花芽分化与果实生长有一个重叠时期，为10～20天。一般出现在6～7月份，此时应加强肥水管理，以满足花芽分化与果实生长对营养物质的需求。增施粪肥、根外追肥、开张角度以及喷施植物生长调节剂等，都可以改变树体内营养物质的积累与分配，有利于花芽分化。

李树坐果率较低的主要原因是在果实生长发育过程中发生生理落果现象。李的生理落果通常有3个高峰：①第一次落果，即刚开花时的落果，其原因是花器不全。如夏季过分干旱易引起早期落叶，使树体衰弱，形成的花芽不充实，翌年春即使开花，花器也不健全，导致授粉受精不良，很快脱落。②第二次落果是在开花后 3 周，受精果和不受精果在外观上就能明显地区别出来，自花授粉不孕的品种或没有充分授粉的，花后 2～3 周即开始落果，最后不受精的几乎全部落光。③第三次落果，即"六月落果"，这次落果是在果实已经长大后发生的。这次落果的主要原因是因为胚死亡而引起的，在果过多的情况下，果实营养不良，果间的营养竞争往往引起胚死亡；日照不足，土壤水分过多，也可能造成树势过弱，引起落果。树势过强，结果偏少，大量养分供应给枝叶生长，果实膨大期缺乏足够营养，种胚也容易死亡，引起落果的发生。

六、果　实

李果生长发育的特点是有两个速长期，在两个速长期之间有一个缓慢的生长期。第一速长期（也叫幼果膨大期），从子房膨大开始到果实木质化以前，这一时期体积重量迅速增长，果实增长速度快。硬核期时，胚迅速生长，果实纵横径增长速度急剧下降，果实增长缓慢或无明显增长。内果皮从先端开始逐渐硬化形成种核。第二速长期是在盛花后 72～99 天，这一时期果实干重增长最快，是果肉增重的最高峰。如果这个时期雨量过多，有些品种容易出现裂果，绥李 3 号就经常出现裂果现象。

中国李果实圆形或椭圆形，果顶由尖顶、平顶到凹顶，变化很大。果皮颜色由黄色至紫红色，果肉多呈黄色或紫红色。完熟的果实整齐而饱满，胚已充分成熟。果肉内部的成分变化趋势是酸和干物质逐渐减少，糖的含量逐渐增加。盖县大李成熟时，果实底色黄绿，彩色鲜红有晕；果肉细软、酸甜适度、香味浓，可溶性固形物含量达 13.5%。果子充分成熟时，一般果面光滑，有白色果粉，果柄产生离层，一触即落。李果实发育过程中的特点如下。

（一）结果习性

李的主要结果枝类型因种类和品种不同而异，树龄和树势也影响李结果枝类的组成。中国李以短果枝和花束状果枝结果为主，而欧洲李和美洲李主要以中果枝和短果枝结果为主。幼树抽生长果枝多，至初果期则形成较多的短果枝和少量的中、长果枝。随着树龄的增长，长、中、短果枝逐渐减少，花束状果枝数量逐渐增多。花束状果枝为盛果期树的重要结果部位，担负90%以上的产量。

花束状果枝结果当年，其顶芽向前延伸很短，并形成新的花束状果枝连年结果，10余年其长度也只有2厘米左右。因此，李的结果部位外移较慢，并且在正常的管理条件下不易发生隔年结果现象。花束状果枝结果4～5年后，当其生长势缓和时，基部的潜伏芽萌发，形成多年生的花束状果枝群，并大量结果，这也是李的丰产性状之一。当营养不良、生长势衰弱时，有一部分花束状果枝不能形成花芽，从而转变为叶丛枝。当营养得到改善或受到重剪的刺激时，有部分花束状果枝抽生出较长的新梢，转变为短果枝或中果枝。有一些发枝力强的品种，中、长果枝结果后仍能抽生新梢，形成新的中、短果枝和花束状果枝，发展成小型枝组，但其结实力不如发育枝形成的枝组高。生长旺盛的树也可以发生副梢，其中发生早而又充实的副梢可以形成花芽。

另外，砧木不同也影响李的枝类组成。一般具有矮化作用的砧木可使长、中果枝比例减少，花束状果枝增多。

李结实的主体为着生于主、侧枝上的健壮的短果枝和花束状果枝。花束状果枝的质量依其发生的节位不同而异。同一枝条以上、中部节位形成的花束状果枝多而健壮，花芽饱满；而低节位的花束状果枝，枝芽瘦小，坐果率低。

花束状果枝寿命很长，连续结果能力很强，但以2年生以上枝条上的花束状果枝结果最好，5年生以上的坐果率明显下降。

因此，通过栽培管理，尽快在 2 年生以上健壮的主、侧枝上培养大量的短果枝和花束状果枝是李早期丰产的关键。

（二）花芽分化

1. 花芽分化的过程　李树成花容易，当新梢顶芽形成后，花芽开始形态分化。开始分化的时期因品种、立地条件和年份而不同。温度较高、日照较长、降水较少，则提前分化。李树花芽分化的各时期形态特征和桃十分相似，所不同的是桃每个花芽内一般只有 1 个生长点，分化出一个花蕾；而李在同一花芽内有 1～3 个生长点，分化出 1～3 个花蕾。

据河北农业大学杨建民在河北易县对大石早生李花芽形态分化的研究发现，大石早生李花芽形态分化分为 7 个时期：未分化期（6 月 5 日以前）、分化初期（6 月 5 日至 8 月 9 日）、花蕾分化期（6 月 18 日至 9 月 2 日）、萼片分化期（7 月 18 日至 9 月 10 日）、花瓣分化期（8 月 9 日至 9 月 15 日）、雄蕊分化期（8 月 21 日至 10 月 13 日）、雌蕊分化期（9 月 15 日至 10 月 31 日），整个分化过程约需 150 天。花芽形态分化进程因各年气候条件略有差异，但分化盛期集中在 7～9 月份。

2. 花芽分化的特点　根据对大石早生李花芽形态分化的研究，发现该品种花芽形态分化有以下特点：①花芽分化开始早，延续时间长，各时期均有重叠。大石早生李花芽 6 月初开始分化，9 月中旬部分花芽进入雌蕊原基分化期，但 9 月 2 日仍有 5% 左右的花芽处于花蕾分化期，这表明大石早生李的花芽分化时期是重叠进行的。②花芽的芽体达到固有的颜色后即进入花芽分化。花束状果枝、短枝上的花芽进入分化期早，而中、长果枝因生长旺盛，停止生长晚，其花芽分化时期晚且不整齐，但后期分化速度快，落叶前均发育到雌蕊分化期。③长果枝和徒长性果枝上，芽内双花数量多。

3. 影响花芽分化的因素　花芽分化受树体本身及外部条件

等多种因素的影响。①花芽分化必须有良好的枝叶生长为基础，新梢适时停长才可能形成优质花芽。营养条件对花芽分化有明显影响，尤其是光合营养即碳素营养与氮素营养的比值与花芽分化关系密切。当光照不足或叶片受害脱落，或因施氮肥过多，修剪过重，树体生长旺盛，碳水化合物积累少时，不能形成花芽；当树体氮素不足，生长过弱时，碳水化合物虽多，也能够形成花芽，但会结果不良；当氮素养分和碳素养分比例（即碳氮比）适当时，花芽才能大量形成。此外，增施磷、钾肥对花芽分化也有促进作用。②光照、温度、水分等外界环境也是花芽分化的重要因素。光照充足有利于光合营养的积累，对花芽分化有促进作用。花芽分化要求较高的温度，如果在花芽分化期出现阴雨、低温天气，则不利于花芽形成。适度干旱的条件也有利于花芽的形成，土壤水分多时不利于树势缓和及光合营养积累，从而给花芽分化带来不利影响。

（三）开花结实

1. 开花　李花由花柄、花托、萼片、花瓣、雄蕊、雌蕊组成。李的大多数品种为完全花，即一朵花中有发育健全的雄蕊和雌蕊。

李花较小、白色。中国李的花柄较短，长 0.8～1 厘米，欧洲和美洲李花柄较长。花萼浅绿色，也有黄绿色和棕红色的。萼 5 片，基部连在一起，构成萼筒。花瓣 5 片，多数品种的花瓣为白色，也有在蕾期呈桃红色的。雄蕊一般有 20～30 枚，呈内外两轮排列，外轮花丝较长，内轮花丝较短，花药着生在花丝的顶端，花药内的花粉有早熟性。雌蕊由子房、花柱和柱头组成，位于萼筒的中央，子房上位。

李花常产生不完全花，由于品种的不同和外界环境条件的影响，不完全花的数量不一。除遗传因素，营养不良、花期受冻也是产生不完全花的主要原因。不完全花有的表现为雌蕊瘦弱、短小，或畸形和花粉败育。

中国李是仅次于梅、杏的较早开花的树种。大石早生李、美丽李等品种在陕西西安地区3月中旬开花，在河北中部3月下旬至4月初开花，在辽宁南部4月上中旬开花。欧洲李系统的品种开花较晚，一般比中国李系统的品种开花晚7～10天。

李开花要求的平均气温为9℃～13℃，花期7～10天，单花的寿命5天左右。一般情况下短果枝上的花比长果枝上的花开得早，越是温暖的地方，这种趋势越明显。

2. 授粉受精 中国李和美洲李大多数品种自花不实，需要异花授粉，欧洲李品种可分为自花结实和自花不结实两类。李的受精过程一般需要2天左右才能完成，若花期温度过低或遇不良天气，则需延长受精时间。

影响授粉受精的因素：一是树体的营养状况，二是花期的气候条件，花期多雨可以冲掉柱头上的分泌液，或引起花粉粒的破裂，影响授粉，进而影响产量。空气过于干燥、相对湿度低于20%时，柱头上的分泌液枯竭，柱头干缩，则花粉的发芽率显著降低，进而影响坐果。花期低温影响昆虫的活动，影响授粉，低温使花粉粒发芽慢，花粉管生长更慢，致使中途败育。中国李花粉发芽温度较低，在0℃～6℃时就有一定数量的花粉开始发芽，9℃～13℃时发芽较好，欧洲李在15℃时需5天发芽。因此，在李树生产中，要采取措施，避开一切不利因素，创造良好的授粉受精条件，使其授粉受精良好，从而提高产量。

（四）果实生长发育

李果实的发育过程和桃、杏等核果类基本相同，果实生长发育的特点是有两个速长期（第一次速长期和第二次速长期），在两个速长期之间有一个缓慢生长期。生长发育呈双S曲线。据河北农业大学杨建民等研究，大石早生李果实发育过程分为3个时期：第一期从落花后（4月13日左右）至5月15日，共1个月左右的时间，这一时期也叫幼果膨大期，从子房膨大开始到果核木质化以前，果实的体积和重量迅速增长，果实增长速度较快；第二期从 5 月 16 日至 5 月 28 日，为果实缓慢生长期，此期种胚迅速生长，果实增长缓慢，内果皮从先端开始逐渐木质化，胚不断增大，胚乳逐渐被吸收直至消失，此期为硬核期；第三期从 5 月 29 日至果实成熟，为果实的第二次速长期，这一时期果实干重增长最快，是果肉增重的最高峰。

（五）落花落果

李开花很多，而坐果率较低，原因是在果实生长发育过程中发生生理落果，特别是在气候和土壤条件不太理想的情况下栽培的李，落花落果现象更为严重。

李的生理落果通常有 3 个高峰：第一次为落花，即花后带花柄脱落，其原因是花器发育不完全和没有授粉受精。第二次落果发生在第一次落果之后 14 天左右，果似绿豆粒大小时开始脱落，直至核开始硬化为止。此期落果主要是受精不良或子房的发育缺乏某种激素，胚乳中途败育等原因引起的。李的疏果一般在这次落果结束时开始进行。第三次落果即"六月落果"，是在果实长大以后发生，落果虽然很明显，但数量不多。营养不良是这次落果的主要原因。有些品种特有的生理落果多是由于遗传引起的。

第三章

优良品种

一、极早熟品种

（一）大石早生李

原产于日本。1939 年，由日本福岛县伊达郡大石俊雄氏育成，是福摩萨李（台湾李）自然授粉杂交的后代，推测父本为美丽李，原品系名为大石 7 号。1981 年，由上海市农业科学院园艺研究所从日本引入我国。

树冠为自然半圆形，树姿半开张。主干树皮条状开裂，灰褐色。枝条中密，多年生枝灰褐色，1 年生枝红褐色，自然斜生，无茸毛，节间长 1.2～2 厘米。花芽鳞片紧，黄褐色；花白色，5 瓣，雄蕊 25～30 枚，每个花芽有 2～3 朵，稀有 1 朵。叶倒披针形，基部楔形，先端短突尖，叶片长 11.08 厘米、宽 5.1 厘米，叶柄长 1.9 厘米；叶色浓绿；叶缘具细齿，叶面波状，无茸毛，叶背主、侧脉间有茸毛；蜜腺圆形，较大，1～4 个。

果实卵圆形，平均单果重 49.5 克，最大单果重 102 克。果实纵径 4.4 厘米，横径 4.2 厘米，侧径 4.2 厘米。果顶尖；缝合线较深，片肉对称；梗洼较深，圆形，中广。果皮底色黄绿，着鲜红色；果皮中厚，易剥离；果粉中厚，灰白色。果肉黄绿色，肉质细、松软，果汁多，纤维细而多，味甜酸，微香；含可溶性固形物 14.6%，pH 值 4.3，含总糖 7.1%，总酸 1.5%，单宁 0.5%，蛋白质 1.79%，脂肪 1.44%，每 100 克果肉含氨基酸总量 880 毫克、维生素 C 8.11 毫克。黏核；核椭圆形，淡黄褐色，表面粗糙，具中深不规则孔纹，背线中深且明显，顶部尖，基部宽楔形；核重 0.7 克，纵径为 2 厘米，横径为 1.5 厘米，侧径为 0.9 厘米。可食率为 98%；品质中上等；在常温下果实可贮放 5～7 天。

树势较强。萌芽率 85.1%，成枝率 35.7%。自花授粉结实率为 0，自然授粉结实率在 4.3%～12.3%。幼树生长较快，但不抽生二次枝。随着树龄的增大，生长势趋于缓和。3 年生树开始结果，6～7 年生树可进入盛果期，7 年生树最高株产量达 60 千克。

该品种在我国适应性广泛，并以其早熟和品质优良而深受广大栽培者和消费者的欢迎，因而发展速度较快，是很有发展前途的早熟品种。

（二）奥本琥珀李

原名 Au-amber，是美国奥本大学亚拉巴马州农业试验站 J.D. 诺顿教授于 1989 年选育成功并发现的极早熟李优良品种，1993 年被引进我国辽宁国家果树种质熊岳李杏圃。

树冠扁圆形，树姿半开张。叶片倒披针形，基部楔形，先端短尾尖；叶长 7.39 厘米，宽 3.67 厘米，叶柄长 1.43 厘米；叶面光滑，叶背主脉及主脉与侧脉间有毛，叶缘具钝齿；蜜腺肾形，较大，有 2 个。其花芽中，有 1 朵花者占 46.2%，有 2 朵花者占 53.8%。

果实椭圆形，平均单果重 33.78 克，最大单果重 43 克；果实纵径为 3.89 厘米，横径为 3.62 厘米，侧径为 3.85 厘米。果顶平；缝合线浅而明显；片肉对称；梗洼浅窄。果皮厚，底色淡黄，着紫黑色；果粉薄，白色；果皮易剥离。果肉淡黄，肉质松软，纤维少而细，汁多，味甜，皮涩，有浓香；含可溶性固形物 16.75%，pH 值 4.65，含总糖 11.68%，总酸 1.10%。黏核；核椭圆形，表面中粗，呈蜂窝状；脊线深，侧线较浅，核面近基部有条状突起，核基圆，核顶尖；核重 1.01 克，纵径为 1.94 厘米，横径为 1.43 厘米，侧径为 0.83 厘米；核多裂开，内无种仁，子叶退化。果实可食率为 97%，品质中上等。在常温下，果实可贮放 3～5 天。

树势中庸，新梢长 60 厘米。2 年生树开始结果，5 年生树进入盛果期。以短果枝和花束状果枝结果为主，采前落果轻。在国家果树种质熊岳李杏圃中，该品种于 4 月上旬花芽萌动，4 月下旬盛花，花期持续 5～7 天；7 月初果实成熟，果实发育期约 70 天；4 月中旬叶芽萌动，11 月上旬落叶，营养生长期约 205 天。

该品种适应性较强，丰产性较好，成熟期早，品质较好，但裂果较重。该品种抗寒、抗旱性较强，适宜在辽宁、河北等地区栽培。

（三）莫尔特尼李

莫尔特尼（Morettini）为美洲李品种。1991 年，由山东省农业科学院果树研究所将其引入我国。

树势中庸，分枝较多，幼树直立，结果树分枝角度大。萌芽率为 91.4%，成枝率为 22%；以短果枝结果为主，中、长果枝坐果很少。在自然授粉条件下，坐果率很高。幼树结果较早、丰产，在正常管理条件下 3 年结果，4 年丰产。3 年生树结果率可达 50%，平均株产量为 8.7 千克；4 年生树平均株产量为 38.6 千克。

果实中大，近圆形；平均单果重 74.2 克，最大单果重 120 克；果顶尖，缝合线中深而明显，片肉对称；果柄中长，梗洼深狭；果面光滑而有光泽，果点小而密，底色黄色，全面着紫红色，果皮中厚，离皮，果粉少；果肉淡黄色，近果皮处为红色，不溶质，肉质细软，果汁中少，风味甜酸，单宁含量极少，品质中上等；含可溶性固形物 13.3%，总糖 11.4%，可滴定酸 1.2%，糖酸比为 9.5∶1。果核椭圆形，黏核。

在河北保定，该品种正常年份的开花期为 4 月初，盛花期为 4 月 7 日左右，4 月 13 日谢花，盛花期 7 天左右；6 月初果实开始着色，成熟期为 6 月 20 日左右。在山东泰安，其果实于 6 月上旬成熟。在国家果树种质熊岳李杏圃，该品种 4 月中旬开花，盛花期为 4 月 20 日左右，花期大约持续 7 天；7 月初果实开始着色，成熟期为 7 月 10 日左右，果实发育期为 68 天左右。

该品种适应性广，抗逆性强。早熟，丰产，是优良的鲜食品种。该品种抗寒、抗旱、耐瘠薄，对病虫害抗性强。现分布在山东、河北和北京等地。适宜在我国华北地区栽植。

（四）长李 15 号

该品种的代号为 84–21–15，是吉林省长春市农业科学研究所方玉凤等于 1983 年用绥棱红李×美国李杂交育成。1993 年鉴定并命名。

树冠半圆形，树姿开张。树干棕褐色，表皮半革质，较光滑；多年生枝灰褐色，表面有波状纹理；1 年生枝红褐色，有光泽；当年新梢呈绿色，阳面红色，光滑无毛，皮孔灰白色，小而密。叶面深绿色，营养枝叶片阔椭圆形，较大；叶尖短突尖，叶基楔形；叶缘具有小而密的钝锯齿，叶面光滑无毛，叶脉红色；叶基具 2～4 个较大的圆形黄褐色蜜腺。花白色，单瓣，中大。

果实扁圆形，平均单果重 35.2 克，最大单果重 65 克；果实纵径为 3.5 厘米，横径为 4.3 厘米，侧径为 4.3 厘米。果顶凹；缝合线深，片肉对称；梗洼深而广。果皮底色绿黄，着紫红色；果皮较厚，易剥离；果粉厚，白色。果肉浅黄色；肉质致密，纤维少，汁液多，甜酸，微香；含可溶性固形物 14.2%，pH 值 4.6，含总糖 8.24%，总酸 1.09%。半离核，核椭圆形，表面光滑。品质上等。

树势强，幼树树姿直立，枝条强壮，萌芽率 88.2%，成枝率

21.3%。幼树以 1 年生中、长果枝结果为主，成年树以花束状果枝和短果枝结果为主。2～3 年生树开始结果，4～5 年生树进入盛果期，单株产量 20 千克，7 年生树株产 35 千克。

在长春地区，该品种于 4 月中旬花芽萌动，5 月上旬盛花，7 月中下旬果实成熟，果实发育期为 70 天；10 月上旬落叶，营养生长期为 185 天。在沈阳地区，4 月上中旬萌芽，4 月底开花，花期持续 12～15 天；果实于 6 月中旬核硬化，7 月中旬成熟。在河北保定，4 月上旬为盛花期，6 月中下旬果实开始着色，7 月初果实成熟。

该品种果实外观美，成熟早，丰产，耐贮运，品质上等，适宜鲜食。该品种抗逆性较强，是抗寒性强的优良品种，抗李红点病、细菌性穿孔病，较抗日灼病。现分布在吉林、黑龙江、辽宁、北京和甘肃等地。适宜在我国东北、华北地区栽培。

二、早熟品种

（一）绥棱红李

别名北方 1 号，代号为 65–67。系黑龙江省绥棱浆果研究所关述杰等人，于 1964 年以小黄李为母本、以福摩萨李为父本，通过人工杂交而育成。1976 年通过鉴定并命名。在黑龙江省的南部栽培较多。

树冠为自然开心形，树姿较开张。主干较粗糙，树皮纵裂，黑灰色。枝条着生较密，多年生枝灰褐色，1 年生枝红褐色，自然斜生，无茸毛，节间长 1.59 厘米，无刺；花芽鳞片紧，黄褐色。花白色，5 瓣，雄蕊 23～32 枚。每芽有 1～2 朵花，稀有 3 朵。叶片为椭圆形，基部楔形，先端渐尖；叶面平展，叶长 10.4 厘米、宽 4.95 厘米，叶柄长 1.65 厘米，叶色浓绿，叶边缘锯齿钝，多为复锯齿；叶背面主脉绿色，带红晕。

果实圆形，平均单果重 48.6 克，最大单果重 76.5 克；果实纵径为 4.21 厘米，横径为 4.15 厘米，侧径为 4.25 厘米。果顶平；缝合线浅，片肉不对称；梗洼深。果皮底色黄绿，着鲜红色或紫红色，果点稀疏，较小；果皮薄，易剥离；果粉薄，灰白色；果肉黄色，肉质细，致密，纤维多而细，果汁多，味甜酸，浓香；含可溶性固形物 13.9%，pH 值 4.2，含总糖 8.34%，单宁 0.17%，总酸 1.21%。黏核；核较小，长椭圆形，淡黄色，表面较光滑，具细网状核纹，顶部圆，有急尖，基部楔形；核重 0.9 克，纵径为 1.80 厘米、横径为 1.81 厘米，侧径为 1.05 厘米。种仁饱满。果实可食率为 97.5%。在常温条件下，果实可贮放 5 天左右。

该品种树势中庸，根系分布深而广，须根发达，主要分布在 15～30 厘米深处。其萌芽率为 92.3%，成枝率为 34.2%。自花授粉不结实，人工授粉结实率可达 20.5%。幼树生长较旺，1 年可发生 2～3 次枝，平均新梢长 108.5 厘米。随着树龄的增大，生长势逐渐减缓。栽后 2 年开花，3 年生树开始结果，4～5 年生树可进入盛果期，4 年生树最高株产量可达 50.1 千克，其经济寿命约 40 年。

该品种喜欢冷凉、半湿润的环境，抗寒和抗旱能力强，在冬季 -35.6℃低温的情况下能正常开花结果。枝条易染细菌性穿孔病，易遭蚜虫、蛀干害虫的危害。现分布于黑龙江、吉林、辽宁、河北、内蒙古、宁夏、甘肃、山东、北京和新疆等地。适宜在我国黄河以北地区栽培。

（二）娜丝李

该品种原产于日本。

树冠扁圆形，树姿开张。树势中庸。萌芽率为 69%，成枝率为 26%。以短果枝和花束状果枝结果为主，采前落果轻。3 年生树开始结果，6～8 年生树进入盛果期，单株产量为 50 千克，经济寿命为 30 年。

果实扁圆形，平均单果重 33.3 克，最大单果重 45 克。果实纵径为 3.48 厘米，横径为 3.71 厘米，侧径为 4 厘米。果顶尖，缝合线浅，片肉对称，梗洼深。果皮厚，底色黄绿，着鲜红色。果粉灰白色。果肉黄红，肉质松脆，纤维多，汁多，味甜酸，微香；含可溶性固形物 10.7%，pH 值 4.4，含总糖 7.79%，总酸 0.86%。黏核；核圆形，表面粗糙，核重 0.8 克，纵径 1.65 厘米，横径 1.45 厘米，侧径 0.85 厘米。果实可食率为 97.1%，品质中等。在常温下，果实可贮放 4 天左右。

在辽宁国家果树种质熊岳李杏圃，该品种 4 月初花芽萌动，4 月下旬盛花，花期持续 7 天左右；7 月中旬果实成熟，果实发育期约 80 天；4 月中旬叶芽萌动，11 月上旬落叶，营养生长期约 195 天。

该品种抗寒、抗旱性强。现分布在上海、河北和辽宁等地。适宜在华北、华东等地栽植。

（三）五香李

别名五月香李、厚肉、平顶香和别列措夫等。原产于华北地区，栽培历史约 200 余年。

树冠为扁圆形或阔圆锥形，树姿开张。主干粗糙，树皮纵裂，暗灰褐色。枝条较密，多年生枝灰褐色，1 年生枝黄褐色，自然斜生，无茸毛，节间长 1.38 厘米，无刺。花芽鳞片紧，红褐色。花白色，5 瓣，雄蕊 22～31 枚，每芽有花 2 朵，稀有 1 朵或 3 朵。叶倒卵或倒披针形，基部楔形，先端短突尖；叶长 9.6 厘米、宽 4.96 厘米，叶柄长 1.29 厘米；叶色绿，叶边缘细，锯齿细而多，叶面平；叶背面主脉有茸毛；蜜腺圆形，中等大小。

果实圆形，平均单果重 27.43 克，最大单果重 37 克；果实纵径为 3.35 厘米，横径为 3.34 厘米，侧径为 3.70 厘米。果顶凹；缝合线中深，片肉对称；梗洼深，中广，圆形。果皮底色黄绿，着紫红色霞，果点小而密，褐色，果皮厚，易剥离；果粉多，白色。果肉黄色，肉质软而细，纤维多而细，果汁多，味甜酸，有浓香。含可溶性固形物 11.13%，pH 值 4.5，含单宁 0.34%，总糖 8.78%，总酸 0.93%，100 克果肉含维生素 C 5.01 毫克。黏核；核中大，倒卵形，淡黄褐色，表面中粗，具明显的核翼，顶部尖，基部平；核重 0.72 克（干重），纵径为 1.77 厘米，横径为 1.44 厘米，侧径为 0.82 厘米。种仁苦，不可食。果实可食率为 96.25%，鲜食品质上等。在常温下，果实可贮放 3～5 天。

树势中庸。根系分布较浅，须根发达，主要分布在 5～35 厘米深土层处。幼树生长快，但不发生二次枝。随着树龄的增大，生长势逐渐减弱。萌芽率为 60.12%，成枝率为 33.66%，其中长枝占 19.83%，中枝占 4.13%，短枝占 4.13%，花束状枝占 71.9%。自花授粉结实率为 0，自然授粉结实率可达 14.41%。2～3 年生树开始结果，5～7 年生树可进入盛果期，5 年生树最高株产达 40 千克，一般经济寿命 30 余年。

该品种分布广，栽培历史悠久，成熟较早，产量中等；对栽培技术要求不严格，品质上等，是较受欢迎的早熟鲜食优良品种。

该品种喜欢温凉的环境，抗寒和抗旱能力较强，一般年份冬季低温在 -20℃的情况下，不发生严重的枝梢抽干和花芽冻死现象。不抗李红点病，对细菌性穿孔病抗性较强，表现为轻感。易遭蚜虫、毛虫和天牛等危害。现分布于河北、辽宁和北京等地。适宜在我国华北地区栽培。

（四）蜜思李

原名 Methley，别名麦斯李，原产于美国，系中国李和樱桃李的杂交种，为美国栽培历史较久的品种之一。

树冠为圆头形，树姿开张，主干和多年生枝深褐色，表面较光滑。1 年生枝灰褐色，节间长 1.68 厘米。叶片长椭圆形，先端渐尖，基部广楔形，叶缘整齐；叶片长 6.5 厘米，宽 3.6 厘米，叶柄长 1.5 厘米。每个花芽有花 2～3 朵。

果实圆形，平均单果重 50.7 克，最大单果重 74 克；果实纵径为 4.61 厘米，横径为 5.04 厘米，侧径为 4.66 厘米。缝合线不明显，片肉对称，梗洼窄而浅；果皮厚韧，紫红色，果点小，不明显，果粉中多。果肉淡黄色，充分成熟后为鲜红色，肉质细嫩，果汁多，味甜酸，香气浓。含可溶性固形物 13%，总糖 10.53%，总酸 1.5%。黏核，核重 0.9 克，椭圆形。果实可食率为 97.4%，鲜食品质上等。

树势中庸，萌芽率 87.54%，成枝力强。自花授粉坐果率为 38.5%。幼树以长果枝结果为主。2 年生树开始结果，4 年生树进入盛果期。

在山东省泰安，该品种 3 月中旬花芽萌动，4 月初盛花，花期持续 4～5 天；果实 6 月中下旬开始着色，7 月初成熟，果实发育期约 90 天；4 月上旬叶芽萌动，11 月中下旬落叶，营养生长期 225 天。在湖北省武昌地区，果实 5 月底成熟。

该品种适应性强，进入结果期早，较丰产，稳产，品质上等，是鲜食优良品种。该品种抗寒、抗旱力强，抗细菌性穿孔病和早期落叶病。适宜在华北、华中等地区栽培。

（五）美丽李

树冠为杯状形，树姿半开张。主干粗糙，具条状凸起，树皮纵裂，黑褐色。枝条着生较密，多年生枝紫褐色，1 年生枝红褐色，生长直立，无茸毛，节间长 1.41 厘米，无刺。花芽鳞片紧，红褐色。花白色，5 瓣，雄蕊 19～30 枚；每芽有 2～3 朵花，稀有 1 朵或 4 朵。叶片倒卵圆形，基部楔形，先端急尖；叶长 11.6 厘米、宽 5.8 厘米，叶柄长 1.99 厘米；叶色浓绿，叶片边缘较平展，锯齿细，为复锯齿；叶片背面主脉绿色，带紫红晕。

果实近圆形或心形，平均单果重87.5克，最大单果重156克；果实纵径为5.01厘米，横径为4.94厘米，侧径为5.23厘米。果顶尖或平；缝合线浅，达梗洼处较深，片肉不对称；梗洼深。果皮底色黄绿，着鲜红或紫红色；果皮薄，充分成熟时易剥离；果粉较厚，灰白色。果肉黄色，肉质硬脆，充分成熟时变软，纤维细而较多，果汁极多，味甜酸、具浓香；含可溶性固形物12.5%，pH值3.6，含总糖7.03%，总酸1.15%，单宁0.09%。黏核或半离核；核小，椭圆形，黄褐色，表面粗糙，具网状核纹，顶部微尖，基部楔形；核重0.9克，纵径为2.15厘米，横径为1.59厘米，侧径为0.82厘米。种仁小而子瘪。果实可食率为98.7%。鲜食品质上等。在常温下果实可贮5天左右。

该品种喜欢较冷凉半干旱的环境。抗寒和抗旱能力较强，一般年份在冬季低温 -20℃的情况下，枝梢和花芽也无冻害。树干和枝条不抗细菌性穿孔病，易遭蚜虫、红蜘蛛及蛀干害虫危害。现分布于辽宁、河北、山东、山西、陕西、云南、贵州、广西和内蒙古等地。适宜在长江以北地区栽培。

（六）早生月光李

原产于日本。由辽宁省果树所邱毓斌等于1984年从日本引入，保存于国家果树种质熊岳李杏圃。

树冠为杯状，树姿半开张。主干较粗糙，树皮纵裂，深褐色。枝条着生较密，多年生枝深褐色，1年生枝黄褐色，自然斜生，无茸毛，节间长1.54厘米，无刺。花芽鳞片紧；花白色，5瓣，雄蕊19～32枚；每芽有花1～2朵，稀有3朵。叶倒卵形，基部楔形，先端急尖；叶面有光泽，较平，叶长10.8厘米、宽6.02厘米，叶柄长1.24厘米；叶色绿；叶边缘锯齿钝，多为复锯齿；叶背面主脉绿色，带粉红色。

果实卵圆形，平均单果重69.3克，最大单果重95.5克；果实纵径为 4.77 厘米，横径为 4.61 厘米，侧径为 4.72 厘米。果顶尖；缝合线浅，片肉不对称，梗洼深而窄。果皮底色绿黄，着粉红色；果皮厚，不易剥离；果粉薄，灰白色。果肉黄色，肉质硬脆，纤维细而少，果汁极多；味甜，具蜂蜜香味；含可溶性固形物 13.4%，pH 值 4.1，含总糖 9.99%，总酸 0.91%。黏核；核较小，卵圆形，近核尖处有空室；核淡褐色，表面粗糙，具孔状核纹，顶部较圆，微尖，基部楔形；干核重 0.9 克，纵径为 2.25 厘米，横径为 1.58 厘米，侧径为 0.88 厘米。种仁较饱满。果实可食率为 98.4%。鲜食品质上等。在常温下果实可贮放 7 天以上。

该品种适宜冷凉半湿润的环境，抗寒和抗旱能力较强。一般年份冬季低温在 −20℃ 的情况下，能正常开花结果。抗细菌性穿孔病，易遭蚜虫危害。适宜在黄河以北至东北以南地区栽植。

（七）美国大李

原产于美国，栽培历史悠久。

果实圆形，平均单果重 70.8 克，最大单果重 110 克。果顶凹陷，缝合线较浅，片肉对称。果皮底色黄绿，着紫黑色，皮薄；果粉厚，灰白色。果肉橙黄色，质致密，纤维多，汁多，味甜酸；含可溶性固形物 12.0%，pH 值 4.5，含总糖 6.25%，总酸 1.12%。离核，核长圆形。果实可食率为 98.1%。品质上等。在常温下果实可贮放 8 天左右。

树势较强，树冠直立。萌芽率为 52%，成枝率为 8%。能自花结实，以短果枝和花束状果枝结果为主。3～4 年生树开始结果，5～6 年生树进入盛果期，8～9 年生树进入盛果期，单株产量为 15 千克，经济寿命为 35 年。

在辽宁熊岳地区，该品种 4 月下旬盛花，花期 5～7 天。7 月中下旬果实成熟。营养生长期为 220 天。

该品种果实较大，外观美，较丰产，品质佳，是鲜食优良品

种。该品种抗寒、抗旱性较差，抗细菌性穿孔病能力较弱。现分布在北京、河北和辽宁等地。适宜在华北、西北及辽宁中部以南等地区栽培。

三、中熟品种

（一）大头李

原产于辽宁省葫芦岛市。现分布于辽宁省等地。

果实椭圆形，平均单果重 36.2 克，最大单果重 57.7 克。果实纵径为 3.77 厘米，横径为 3.81 厘米，侧径为 3.87 厘米。果顶微凹；缝合线浅而明显，片肉对称；梗洼深圆。果皮底色绿，着紫蓝色；皮中厚；果粉厚，白色。果肉黄色，肉质软，纤维多而细，汁液中多，味甜酸，无香味；含可溶性固形物 11.3%，pH 值 4.09，含总糖 5.72%，总酸 1.6%，单宁 0.38%。离核；核椭圆形，表面中粗，核顶部尖，核基楔形，脊线长，侧线长，核翼薄而宽；核重 0.96 克，纵径为 1.81 厘米，横径为 1.28 厘米，侧径为 0.7 厘米。果实可食率为 97.3%，品质上等。在常温条件下，果实可贮放 10 天左右。

树冠扁圆，树姿开张。树势中庸。萌芽率为 80.18%，成枝率为 12.36%。自花授粉结实率为 1.51%，自然授粉结实率为 3.07%。以短果枝和花束状果枝结果为主，采前落果少。2 年生树开始结果，6 年生树进入盛果期。该品种在国家果树种质熊岳李杏圃，4 月上旬花芽萌动，4 月下旬盛花，花期持续 7 天左右，7 月下旬果实成熟。

该品种适应性较强，丰产性良好，品质较好，是鲜食优良品种。该品种抗寒性强，不抗蚜虫，抗细菌性穿孔病。适宜在东北、华北地区栽培。

（二）青棕李

别名西洋棕、油棕（福建古田）、青棕李（福建建瓯）、棕李（福建永泰）。原产于福建霞浦、福安、古田和建瓯。栽培历史有 300 余年。

树姿半开张，枝条较直立，主干皮褐灰色，呈不规则的纵裂。花白色，5 瓣，雄蕊 25～35 枚。每芽有花 2～3 朵。叶为倒卵披针形，先端膨大而渐尖，基部楔形；叶长 7.5 厘米、宽 2.8 厘米，叶柄长 1.0 厘米；叶色深绿、叶缘有细锯齿；叶片背面主脉明显，主脉和叶柄均具有疏茸毛，无托叶；蜜腺着生在叶柄相连处，对生，椭圆形，紫棕色。

果实心形，平均单果重 79.5 克，最大单果重 98 克。果实纵径为 5.65 厘米，横径为 7.95 厘米。果顶突出；缝合线浅明显，片肉对称；梗洼窄而深。果皮底色浅绿黄色，偶有红色彩斑；果面光滑，有凸起的油胞（含粗脂肪）；果富有韧性，不易剥离；果粉薄，白色。果肉淡黄色至黄色，肉质脆，肉层厚，汁液多，纤维少，味清甜；过熟时变软，果汁溢香，清甜爽口，果实风味佳；含可溶性固形物 13.1%，总酸 0.95%。100 克果肉含维生素 C 22.43 毫克。半离核，核较大，扁广纺锤形，纵面沟明显，表面有浅核纹，顶部钝尖，基部楔形。核重 1.32 克，纵径为 1.7 厘米，横径为 1.25 厘米，侧径为 0.65 厘米。种仁小，干瘪，不饱满。在种核顶端与果肉分离成空腔，其周围果肉呈结晶状。果实可食率为 97.3%。在常温下果实可贮放 8～10 天。

在福安，该品种 2 月中下旬花芽萌动，2 月下旬或 3 月上旬初盛花，4 月份新梢开始生长，7 月中下旬果实成熟，10 月份以后开始落叶。

该品种产量高、果实大、品质优，是鲜食的优良品种，但大小年结果明显。该品种对天牛、食心虫和流胶病的抗性较强。适宜在华南、华中、华东等地区栽培。

（三）七月香李

原产于辽宁省葫芦岛市。现分布于辽宁省和河北省等地。

果实卵圆形，平均单果重 51.2 克，最大单果重 73 克。果实纵径为 4.25 厘米，横径为 4.4 厘米，侧径为 4.37 厘米。果顶尖；缝合线平，不明显，片肉对称；果柄长 2.1 厘米；梗洼深广，正圆。果皮底色黄绿，着紫红色；果皮厚；果点大，明显；果粉中厚，灰白色。果肉淡黄色，成熟时为红色，肉质细而脆，纤维少而细，汁多，味甜酸，微香；含可溶性固形物 13.7%，pH 值 3.75，含总糖 6.97%，总酸 1.78%。黏核；核椭圆形，表面中粗，核顶部尖，核基平，脊线浅，侧线深而宽；核重 1.1 克，纵径为 1.94 厘米，横径为 1.37 厘米，侧径为 0.79 厘米。果实可食率为 97.8%，品质中上等。常温下果实可贮放 10 天左右。

树冠圆头形，树姿直立。树势中庸，萌芽率为 79.37%，成枝率为 58%。雄蕊 33 枚。自花授粉，结实率为 9.3%；自然授粉，结实率为 31.87%。3 年生树开始结果，6 年生树进入盛果期，7 年生树株产果 30 千克，经济寿命为 30 年。以短果枝和花束状果枝结果为主。采前落果轻。

该品种适应性强，抗寒，耐旱，果实中大，品质中上等，是鲜食优良品种。该品种抗寒性较强，其抗寒力为 –30.1℃；不抗蚜虫和毛虫等，较抗细菌性穿孔病。适宜在华北和东北等地区栽植。

（四）奎丽李

其代号为 707。系新疆奎屯农七师果树研究所的白文菊、韩其庆、廖庆安和凌一章等人于 1970 年采集窑门李的自然杂交种子，播种培育而成。

树冠为自然圆头形，树姿开张。主干暗灰色，粗糙，树皮条状裂。多年生枝灰褐色，皮孔中大，椭圆形，较密；1 年生枝浅绿褐色，有光泽，无茸毛；结果枝上复芽占 95.9%。叶芽少，体大，三角形，茸毛中多；鳞片灰褐色；花芽圆锥形，鳞片红褐色。花蕾白色，花瓣倒卵形，雄蕊 27 枚，花粉多。叶片倒卵形，叶端急尖，叶基宽楔形；叶片长 11 厘米、宽 6 厘米，叶柄长 1.26 厘米；叶色浓绿，叶面光滑，平展。叶缘复锯齿，锯齿密，细而钝；叶脉网状，绿白色，沿主脉有稀疏茸毛。

果实倒卵圆形，平均单果重 34.7 克，最大单果重 51 克。果实纵径为 3.75 厘米，横径为 3.94 厘米。缝合线浅而明显；梗洼狭而深。果皮底色绿黄，着鲜红色，有光泽，果粉厚，无茸毛；果皮光滑，较薄，易剥离，质脆。果肉厚 1.41 厘米，黄色，近核部浅黄色；肉质细软，纤维少，果汁多，味甜，有香味。含可溶性固形物 19.45%，总糖 15.5%，总酸 1.05%。离核；椭圆形，鲜核浅褐色，沟纹网状，纹稀而浅；核中等大，纵径为 1.9 厘米，横径为 1.3 厘米。种仁中等大，纵径为 1.28 厘米，横径为 0.81 厘米。出仁率为 22.1%。果实品质上等。

在奎屯，该品种 3 月末萌芽，4 月末盛花，5 月上旬终花，花期持续 10 天；5 月上旬展叶；8 中旬果实成熟；10 月中旬落叶，营养生长期 200 天。

该品种结果早，产量高，适于密植。果实色泽艳丽，肉质细软，味甜，是鲜食的佳品。该品种抗寒力强，可耐 −38℃低温；耐盐碱能力亦较强。分布于新疆石河子、昌吉、乌鲁木齐、吐鲁番、库尔勒和伊犁等地区，以及吉林、内蒙古、辽宁、江苏和湖北等省（自治区）。适宜在黄河以北及华东等地区栽植。

（五）甜红宝石李

原名 Ruby Sweet。原产于美国。1989 年和 1992 年先后两次引入辽宁国家果树种质熊岳李杏圃。

树冠圆头形，树姿半开张。花芽中，有 1 朵花者占 39.6%，有 2 朵花者占 60.4%。树势较强，2 年生树开始结果，5～7 年生树进入盛果期。以花束状果枝结果为主。采前落果轻。

果实椭圆形，平均单果重 61.4 克，最大单果重 71.58 克。果实纵径为 4.8 厘米，横径为 4.53 厘米，侧径为 4.89 厘米。果顶微尖；缝合线中深而明显，片肉对称；梗洼椭圆形，中深而窄；果柄长 1.8 厘米。果皮紫红色，皮厚，难剥离；果粉厚，白色。果肉红色；肉质硬韧，纤维中多，中粗；果汁多，味酸甜适口；含可溶性固形物 16%，pH 值 3.7，含总糖 10.44%，总酸 1.12%。黏核；核椭圆形，表面粗，密布锥状突起，核顶部尖，核基圆，背线、侧线均深而长，核翼近基部宽而薄，有隆起线。果实可食率为 97.6%，品质上等。在常温下果实可贮放 5～7 天。

（六）帅 李

别名串子。原产于山东省沂源和沂水。

树冠呈圆头形，树姿开张。主干灰色，具浅窄纵裂，多年生枝暗灰色，新梢绿色。叶片阔披针形，叶缘锯齿细。树势强，以短果枝结果为主，果枝连续结果能力较强，较丰产、稳产，一般 3 年生树开始结果，10 年生树株产可达 100 千克。

果实卵圆形，平均单果重 70 克，最大单果重 100 克以上。果实纵径为 4.9 厘米，横径为 5 厘米，侧径为 5 厘米。果顶圆；缝合线浅，片肉对称；梗洼近圆形，中深中广。果皮底色绿黄，着紫红或暗紫红色；皮厚较韧，难剥离；果粉中厚。果肉淡黄色；肉质致密，细软，纤维少，汁中多，味甜；含可溶性固形物 16%，总糖 11.2%，总酸 1.57%，100 克果肉含维生素 C 4.57 毫克。黏核。果实可食率为 97.1%。

该品种树势强健，丰产，稳产，果实大，品质上等，是优良的鲜食品种。帅李是抗寒性较强的一个李品种。适宜在西北、华北等地区栽培。

（七）跃 进 李

代号为 6 号李。是吉林省农业科学院果树科学研究所 1956 年播种的"红干核"自然杂交种。

树冠较小，树姿开张。主干灰褐色，树皮有宽条状不规则纵向裂纹。多年生枝红褐色，上覆网状灰白色蜡质，皮孔黄褐色，节间长 1.57 厘米。花芽鳞片较紧，黄褐色，无茸毛。每个花芽有花 1～2 朵。花白色，5 瓣，雌蕊 1 枚，雄蕊 25～30 枚。叶片倒披针形，基部楔形，先端渐尖；叶片长 9 厘米、宽 2.5 厘米，叶柄长 1.2 厘米，阳面紫色，背面绿色；叶面绿色，叶缘整齐，锯齿钝，单齿或复齿。

果实近圆形，平均单果重 30 克，最大单果重 54 克。果实纵径为 3.5 厘米，横径为 3.3 厘米，侧径为 3.6 厘米。缝合线浅，不明显；梗洼浅。果皮底色初熟时黄绿，着暗紫红色，成熟后全面着紫红色；果皮薄，完熟后易剥离。果肉黄色，肉质较脆，后期变软，汁液多，甜味浓；含可溶性固形物 14%，pH 值 4。半离核；核椭圆形；纵径为 1.8 厘米，横径为 0.7～1 厘米。核重 0.82 克。果实可食率为 98%，鲜食品质上等。

该品种矮化，结果早，丰产，是优良的鲜食品种。该品种抗寒性强，抗蚜虫、抗红点病能力较弱。现分布于吉林、黑龙江、辽宁、河北和宁夏等地。适宜在黄河以北地区栽培。

（八）大石中生李

原产于日本。由日本福岛县大石俊雄育成，1974 年定名为大石中生李。

树冠为圆锥形，树姿半开张。主干较粗糙，树皮纵裂，灰褐色。枝条较密。多年生枝深褐色，1 年生枝黄褐色。枝条自然斜生，无茸毛，节间长 1.9 厘米，无刺。花芽鳞片较松，花白色、5 瓣，雄蕊 27～32 枚，一般每芽有 2～3 朵花，稀有 1 朵或 4

朵花。叶片倒卵形，基部楔形，先端急尖，叶面平、光滑；叶长11.8 厘米、宽 5.8 厘米，色浓绿，边缘锯齿圆钝，多复锯齿；叶柄长 1.9 厘米；叶背面主脉绿，带紫红色。

果实短椭圆形，平均单果重 65.9 克，最大单果重 84 克。果实纵径为 4.54 厘米，横径为 4.17 厘米，侧径为 4.32 厘米。果顶尖；缝合线浅，片肉较对称；梗洼深而狭。果皮底色绿黄，着鲜红色；果点多而小，黄褐色；果皮薄，不易剥离；果粉较薄，灰白色。果肉淡黄色，肉质硬脆，纤维细而少，果汁多，味甜酸，具浓香；含可溶性固形物 13%，pH 值 3.9，含总糖 8.28%，总酸0.95%。黏核；核较小，卵圆形，淡黄色，表面较粗糙，具孔状核纹；顶部尖，基部楔形；核重 0.95 克，纵径为 2.16 厘米，横径为 1.43 厘米，侧径为 0.89 厘米。种仁较饱满。果实可食率为97.8%。鲜食品质上等，在常温下果实可贮放 5～7 天。

该品种适应性强，产量高，对栽培技术要求严格，是鲜食的优良品种。

该品种适宜冷凉半湿润的环境，抗寒和抗旱能力较弱。一般年份冬季低温在 -20℃的情况下，不发生冻害，能正常开花结果。较抗细菌性穿孔病，但易遭蚜虫危害。现分布在河北、山东、四川、吉林和北京等地。适宜在华北地区栽植。

（九）油棕李

别名西洋棕。原产于福建省古田县鹤塘乡西洋村。

树姿开张，主干粗糙灰色，树皮纵裂。多年生枝灰褐色，1年生枝绿色，枝条斜生或下垂。叶片倒卵披针形，中大，尖端渐尖，基部狭楔形，叶缘细锯齿。叶柄长 1 厘米。

果实歪心脏形或心脏形，俗称桃形。平均单果重 90 克，最大单果重 150 克。果顶圆尖，稍歪；果实基部圆形，有油泡；缝合线浅褐色；果皮黄绿色；果点大，果粉多。果肉淡黄色至橙黄色；核尖与果肉之间有空室。果肉细嫩，纤维少，果汁中多，味甘甜。含可溶性固形物 14.8%，总糖 7.93%，总酸 1.88%。100克果肉含维生素 C 2.69 毫克。离核；核偏大。果实可食率为97.4%，品质上等。常温下果实可贮放 10 天左右。

树势强，萌芽率和成枝力均强。自花结实率可达 40% 以上。定植后第二年即可开花，第三年即有相当的产量。

该品种适应性强，果实大，品质佳，丰产，耐贮运，是中国南方李的主要栽培品种。该品种适应性较广，但喜高温、高湿；抗寒力差，遇 −20℃的冬季低温会发生抽条现象。现分布在福建、浙江、江西、广东、湖南、湖北、四川和江苏等省。适宜在华南、华中和华东等地区栽植。

（十）槜 李

原产于浙江省桐乡桃源村，栽培历史已有 2 500 余年。曾是历代封建王朝的"贡品"，为极负盛名的优良李品种。

树冠为自然半圆形，树姿开张。主干较光滑，树皮条状裂，暗灰色。枝条较密，多年生枝褐色，自然斜生，无茸毛，节间长 1.42 厘米，无刺。花芽鳞片较紧，黄褐色；花白色，5～7 瓣，雄蕊 37 枚；每芽有花 2 朵，稀有 1 朵或 3 朵。叶片倒卵圆形或椭圆形，基部楔形，先端渐尖；叶长 7 厘米、宽 4 厘米，叶柄长 1.08 厘米；叶色深绿；叶片边缘有皱纹，锯齿细而浅，多为复锯齿；叶背主脉淡绿色，带浅紫红色。

果实扁圆形，平均单果重 45 克，最大单果重 95 克。果实纵径为 4.5 厘米，横径为 5.2 厘米。果顶平广微凹，中心常有一条顺缝合线的小裂痕；缝合线由果顶至梗洼逐渐加深，片肉不对称；梗洼深。果皮底色黄绿，着暗紫红色，密布大小不等的黄褐色果点；果皮富有韧性，不易剥离；果粉薄，白色。果肉橙黄色，肉质致密，过熟时变软；纤维粗而多，果汁极多，味甘甜，具浓香；含可溶性固形物 14.5%，总糖 5.79%，总酸 0.98%。黏核；核小，倒卵圆形，淡黄褐色，表面粗糙，具粗而深的核纹，

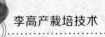

顶部钝圆，有微尖，基部楔形。核重 1.24 克，纵径为 1.39 厘米，横径为 1.32 厘米，侧径为 0.99 厘米。仁黄褐色，小而干瘪。果实可食率为 97.2%，鲜食品质上等；亦可加工糖水罐头。在常温下，果实可贮放 6 天。

（十一）玉皇李

原产于宁夏。栽培历史悠久，是当地传统农家品种。

树冠圆形或自然开心形，树姿开张。主干粗糙，树皮块状剥裂，暗灰色。多年生枝灰褐色，1 年生枝黄褐色，斜生，光滑无毛。皮孔小，疏平。花芽鳞片赤褐色，茸毛少；花白色，5 瓣；每个花芽有 1～2 朵花。叶片倒卵形或披针形，长 6.93 厘米，宽 2.64 厘米。叶基楔形，叶色浓绿，叶面平滑有光泽，抱合；叶柄长 1.1 厘米，叶缘不整齐，单锯齿浅而钝。

果实心形，平均单果重 54 克，最大单果重 80 克。果实纵径为 4.94 厘米，横径为 4.37 厘米，侧径为 4.51 厘米。果顶凸；缝合线浅，显著，片肉不对称；梗洼中深。果皮金黄色，蜡质厚，果皮厚而脆，难剥离。果肉橙黄色，肉质致密，纤维少，果汁极多，甜酸，浓香；含可溶性固形物 13.12%，总糖 8.38%，总酸 1.43%。黏核；核椭圆形，尖端尖圆；黄白色；鲜重 1.75 克，纵径为 2.1 厘米，横径为 1.55 厘米，侧径为 0.95 厘米。果实可食率为 96.8%。

该品种果实大，外观美丽，耐贮运，品质为极上等，是宁夏传统的农家品种。该品种抗逆性较强。现分布于宁夏黄河灌区，是灵武、吴忠、青铜峡、永宁和平罗地区的主栽品种。适宜在黄河流域栽培。

（十二）玫瑰皇后李

原名 Queen Rosa，别名罗莎皇后。该品种是美国加利福尼亚州十大主栽李品种之一。

树冠为阔圆锥形，树姿直立。主干粗糙，树皮纵裂，暗灰色；多年生枝褐色，1 年生枝淡黄色，直立，表面光滑，皮孔明显，节间长 1.62 厘米。新梢绿色。叶柄绿色，长 1.88 厘米，叶片为宽披针形，先端渐尖，基部广楔形，叶片长 10.7 厘米、宽 4.3 厘米；叶片较薄、浅绿色，叶缘整齐，圆钝。花大型，每个花芽有 2 朵花。

玫瑰皇后李的果实为扁圆形，平均单果重 86.3 克，最大单果重 151.3 克。果实纵径为 4.75 厘米，横径为 5.41 厘米。果顶圆平；缝合线不明显，片肉对称；梗洼宽深。果面底色为黄色，着紫红色；果皮较薄；果粉中多，果点大而稀。果肉淡黄色，肉质细，硬韧，果汁多，味甜；含可溶性固形物 13.75%，总糖 12.14%，总酸 0.9%。离核；核小，圆球形。果实品质上等。果实在常温下可存放 10 天左右。

树势中庸，萌芽率为 91.3%，成枝力（形成长枝的平均个数）为 4.6 个。以花束状果枝结果为主。3 年生树开始结果，5 年生树达盛果期。

该品种丰产，结果早，果实大，品质好，是优良的鲜食品种。该品种抗寒，抗旱，适应性强。分布在山东、辽宁、河北、河南和江苏等地。适宜在华北等地区栽植。

（十三）香 蕉 李

别名玉皇李、杏李。原产于辽宁省，是发展较快的地方良种，现分布于辽宁南部各地。

树冠为自然半圆形，树姿开张。主干较粗糙，树皮纵裂，红灰色。枝条中等密度，多年生枝灰褐色，1 年生枝红褐色，背阴面呈绿色，自然斜生，无茸毛，节间长 1.82 厘米，无刺。花芽鳞片紧，红褐色；花白色，5 瓣，雄蕊 29～38 枚，单芽一般有 2～3 朵花，稀有 1 朵或 4 朵花。叶倒披针形，基部楔形，先端短突尖；叶长 10.17 厘米、宽 4.39 厘米，叶柄长 1.43 厘米；叶色深绿，叶缘具钝锯齿；叶面无茸毛，叶背主脉无茸毛。蜜腺肾形，中等大小。

果实圆形，平均单果重41.8克，最大单果重54.08克。果实纵径为4.06厘米，横径为4.19厘米，侧径为4.19厘米。果顶凹；缝合线浅，片肉对称；梗洼深，圆形，较广。果皮底色为黄色，着紫红色，果点较多，不明显；果皮薄，易剥离；果粉多，白色。果肉黄色，肉质中粗而具韧性，纤维多而细，果汁多，味甜酸，有浓香；含可溶性固形物10.33%，pH值为3.7，含总糖6.79%，总酸1.19%，单宁0.18%。100克果肉含维生素C 4.29毫克。黏核；核大，椭圆形，淡黄白色，表面中粗，具较浅的孔状核纹，顶部短突尖，基部平或圆。核干重1.18克，纵径为1.76厘米，横径为1.5厘米，侧径为1.04厘米。果实可食率为95.9%，鲜食品质上等；也可用来制作罐头和果酱。在常温下，果实可贮放3～10天。

该品种栽培历史较久，适应性较强，产量较高，外观美丽，对栽培技术要求不严格，鲜食品质上等，是辽宁省的主栽品种之一。该品种喜欢温凉的环境，抗旱力较强，抗寒力较差，一般年份冬季低温在 -29℃ 的情况下即发生严重的枝梢抽干和花芽冻死现象象。抗李红点病，易感细菌性穿孔病，易遭蚜虫、毛虫和天牛等危害。适宜在华北、东北南部等地区栽植。

（十四）月 光 李

原产于日本，栽培历史较久。

果实卵圆形，平均单果重56.3克，最大单果重66.5克。该品种抗寒、抗旱性较强，易遭蚜虫危害。现分布于辽宁、陕西和上海等地。适宜在华北和西北等地区栽植。该品种是优良的鲜食品种。纵径为4.86厘米，横径为4.37厘米，侧径为4.47厘米。果顶尖；缝合线浅，片肉对称；梗洼深较狭。果皮底色为黄色，着鲜红色；果皮薄；果粉灰白色；果肉黄色，肉质松脆，纤

维多，味甜酸，果汁极多，具微香；含可溶性固形物 12.3%，pH
值 3.6，含总糖 7.19%，总酸 1.47%，单宁 0.22%。100 克果肉
含阿拉伯糖 9.25 毫克，果糖 12.9 毫克，山梨糖 198.5 毫克，葡
萄糖 93.0 毫克，山梨醇 453.8 毫克，蔗糖 1 142.1 毫克。半离核；
核长卵圆形，表面粗糙；核重 1.1 克，纵径为 2.53 厘米，横径为
1.41 厘米，侧径为 0.81 厘米。果实可食率为 97.5%，品质中上等。
在常温条件下，果实可贮放 8 天左右。

树冠倒圆锥形，树姿直立。树势较强，萌芽率为 83%，成枝
率为 14%。以中、短果枝和花束状果枝结果为主，采前落果轻。
3 年生树或 4 年生树开始结果，6～8 年生树进入盛果期，单株
产量为 50 千克，经济寿命为 35 年。

该品种是优良的鲜食品种。该品种抗寒、抗旱性较强，易遭
蚜虫危害。现分布于辽宁、陕西和上海等地。适宜在华北和西北
地区栽植。

（十五）黑琥珀李

原名 Black Amber，产于美国。其亲本为佛瑞尔（Friar）×
玫瑰皇后李（Queen Rose）。

果实扁圆形，平均单果重 65.12 克，最大单果重 85.2 克。果
实纵径为 4.31 厘米，横径为 5.02 厘米，侧径为 5.16 厘米。果顶
稍凹；缝合线浅，不明显，片肉对称；梗洼中深，广而圆。果皮
底色黄绿，着紫黑色；果点大而明显；果粉厚，白色。果皮中
厚。果肉淡黄，近皮部为红色，充分成熟后肉色变红；肉质松
软，纤维细而少，味甜酸，汁液多，无香味；含可溶性固形物
10.97%，pH 值 3.09，含总糖 5.88%，总酸 1.74%，单宁 0.18%。
离核，品质中上等。常温下，果实可贮放 20 天左右。

树冠纺锤形，树姿直立。树势中庸。以短果枝和花束状果枝
结果为主，采前落果轻。2～3 年生树开始结果，5～6 年生树进
入盛果期，单株产量为 20 千克。

该品种适应性较广，丰产，果实较大，耐贮运，鲜食品质较好，也可用来制作罐头。抗寒性较强，用电解质渗出率法测其抗寒力为 -32.6℃。抗旱性较强，不抗蚜虫，易感细菌性穿孔病。现分布于辽宁、山东和河北等地。适宜在华北和东北等地区栽植。

四、晚熟品种

（一）海城苹果李

原产于辽宁省丹东，1987 年在辽宁海城通过品种鉴定。

树冠为自然开心形或半圆形，树姿较直立。主干较粗糙，树皮条状开裂，黄褐色。枝条较密，多年生枝红褐色，1 年生枝绿褐色，生长直立，无茸毛，节间长 1.46 厘米，无刺。花芽鳞片紧，黄褐色；花白色，5 瓣，雄蕊 21～28 枚，每芽有 1～2 朵花。叶片绿色，狭椭圆形，基部楔形，先端长突尖；叶长 13.67 厘米，宽 4.65 厘米，叶柄长 1.64 厘米；叶片边缘平展，锯齿较细，较锐，为复锯齿；叶片背面主脉鲜红色。

果实扁圆形，平均单果重 85.3 克，最大单果重 126.8 克。果实纵径为 3.8 厘米，横径为 4.37 厘米，侧径为 4.55 厘米。果顶尖；缝合线由果顶至梗洼逐渐加深，片肉不对称；梗洼浅而广。果皮底色黄绿，着紫红色，密布大小不等的黄褐色果点；果皮厚，不易剥离；果粉中多，灰白色。果肉黄色，肉质松脆致密，纤维细而多，果汁多，味甜酸，有香味；含可溶性固形物 11.05%，pH 值 3.9，含总糖 8.13%，总酸 1.06%。黏核；核小，圆形，浅褐色，表面较粗糙，具深而皱核纹，顶部尖，基部楔形；核重 0.9 克，纵径为 1.85 厘米，横径为 1.56 厘米，侧径为 1.06 厘米。种仁较饱满。果实可食率为 98.8%。鲜食品质上等。在常温下果实可贮放 10 天左右。

树势强壮。根系分布较浅而广，须根发达，主要分布在15～30厘米深处。萌芽率为67.2%，成枝率为10.15%。自花授粉结实率可达3.3%。幼树生长较快，1年可发生2次枝，新梢平均长95.6厘米。随着树龄的增大，生长势逐渐增大。3年生树开始结果，5～6年生树可进入盛果期，10年生树最高株产量达100千克，经济寿命为40年左右。

该品种适应性强，产量高，对栽培技术要求较严格。果实品质上等，是鲜食的优良品种。

该品种喜欢冷凉半湿润的环境，抗寒和抗旱能力均强。抗细菌性穿孔病，但易遭蚜虫危害。现分布于辽宁省的丹东、海城和大连，吉林省的吉林市也有栽培。适宜在华北和东北等地区栽植。

（二）绥李3号

系黑龙江省绥棱浆果研究所关述杰等人于1973年用寺田李自然杂交种子实生播种选出，代号为73-1-1。

树冠开心形，树姿半开张。叶倒披针形，基部楔形，先端长尾尖；叶长11.50厘米、宽5.86厘米，叶柄长1.86厘米；叶面较光滑，叶缘具粗齿；蜜腺圆形、小，具1～2个。

果实扁圆形，平均单果重41克，最大单果重108克。果实纵径为3.72厘米，横径为4.04厘米，侧径为4.16厘米。果顶平；缝合线浅，不太明显，片肉对称；梗洼圆，广而浅。果皮底色绿黄，着鲜红色；皮厚；果粉中厚，白色。果点多而小。果肉黄色；肉质松脆，纤维细少，汁多，味甜酸，经后熟有香味；含可溶性固形物12.13%，pH值3.77，含总糖5.99%，总酸1.59%，单宁0.13%。100克果肉中含果糖164.5毫克，山梨糖292.3毫克，葡萄糖1300毫克，山梨醇296.5毫克，蔗糖1975毫克；不含阿拉伯糖和木糖。黏核；核椭圆形，表面中粗，具浅坑点，核顶部尖，核基圆，脊线、侧线浅，核翼厚，基部有纵突线；核重1.3克，纵径为1.95厘米，横径为1.40厘米，侧径为0.95厘米。

果实可食率为 96.7%。品质中上等。在常温下，果实可贮放 7～10 天。

树势中庸，自花授粉结实率为 0，自然授粉结实率为 8.6%。每花有雄蕊 30 枚。以花束状果枝和短果枝结果为主。裂果率在 12%～80%。2 年生树开始结果，5～7 年生树进入盛果期，7 年生树株产量最高达 60 千克，经济寿命 30 年。

该品种丰产、稳产性好，品质较好。

该品种抗寒性极强，其抗寒力为 –42.5℃。不抗细菌性穿孔病。现分布于黑龙江、吉林和辽宁等地。适宜在华北和东北等地区栽植。

（三）龙园秋李

系黑龙江省园艺研究所用小黄李为母本、北京大紫李为父本，杂交选育出的新品系。

树势强健，生长旺盛，树姿较直立，结果后开张，6～7 年生树树冠呈自然开心形。1 年生枝条浅红褐色，2 年生枝条棕褐色。叶片倒阔披针形，叶缘复锯齿状，齿钝；叶片向上直立生长，色浓绿，无光泽。

果实扁圆形，个大整齐，平均单果重 76.2 克，最大果重 110 克。缝合线中深，明显；梗洼深，圆形，较广。果点密，中大，果粉中厚，灰白色；底色黄绿，着鲜红色至紫红色，充分成熟基本全面着色；果皮中厚，易剥离。果肉黄色，肉质致密，纤维少，果汁中多。黏核，核小。果实可食率在 95% 以上。含可溶性固形物 14.5%，味甜酸而浓，品质极上等。果实耐贮运，适期采收者可在常温下存放 20 天左右。

树势强健，萌芽力和成枝力均强。以中、短果枝和花束状果枝结果为主。自然授粉坐果率较高，可用长李 84 号和绥李 3 号做授粉树。栽后第二年结果，3～4 年生树平均株产量为 5～7.5 千克，5～6 年生树株产量达 20～25 千克，早果，极丰产，无采前落果现象。

该品种适应性强，早果，丰产，果实个大质优，是一个适于高寒地区发展的优良品种。该品种在 –40℃低温下无严重冻害发生，抗寒能力很强；对红点病、细菌性穿孔病、蚜虫和李小食心虫等病虫害有较强的抗性。现在黑龙江、吉林、辽宁和内蒙古等地区已有栽培。适宜在华北、东北及西北等地区栽植。

（四）紫玉李

原产于日本。1982 年从日本引入我国。

果实圆形，平均单果重 47.3 克，最大单果重 63.7 克。果实纵径为 4.13 厘米，横径为 4.05 厘米，侧径为 4.45 厘米。果顶稍凹；缝合线浅而明显，片肉对称；梗洼较深，中广，圆形。果皮中厚，在果实成熟时，由绿转为暗紫红色；果粉厚，白色。果肉血红色，肉质中粗，有韧性，纤维中多，味甜酸，汁多，有桃香味；含可溶性固形物 13.3%，pH 值为 3.74，含总糖 8.25%，总酸 1.47%；100 克果肉含维生素 C 6.5 毫克，单宁 0.16 毫克。黏核；核椭圆形，表面光滑；干核重 0.54 克，核纵径为 1.65 厘米，横径为 1.13 厘米。果实可食率为 98%，品质中上等。在常温下，果实可贮放 5～10 天。

树冠圆头形，树姿开张。树势中庸。2～3 年生树开始结果，5～6 年生树进入盛果期，7 年生树最高株产量达 45 千克。以短果枝结果为主，采前落果较轻。

该品种适应性较强，丰产、稳产性好，果实较大，是鲜食品质优良的品种之一。该品种抗寒、抗旱性较强，较抗细菌性穿孔病，但易遭红蜘蛛、蚜虫和毛虫等危害。适宜在华北等地区栽植。

（五）秋　李

该品种原产于辽宁省葫芦岛市，是一个栽培历史悠久的李树

地方良种。

树冠扁圆形，树姿开张。主干中粗，树皮条状开裂，暗灰褐色。枝条密，多年生枝褐色，1年生枝红褐色，自然斜生，无茸毛，节间长 1.5 厘米。花芽鳞片紧，红褐色；花白色，5 瓣，雄蕊 20～30 枚，单芽有 2 朵花，稀有 1 朵或 3 朵花。叶片绿色，倒披针形，基部楔形，先端短突尖；叶长 8.9 厘米，宽 4.5 厘米，叶柄长 1.0 厘米；叶片边缘具细齿，叶面平顺；背面主、侧脉间有茸毛；无蜜腺。

果实卵圆形，平均单果重 25.8 克，最大单果重 39 克。果实纵径为 3.62 厘米，横径为 3.57 厘米，侧径为 3.53 厘米。果顶尖。

（六）黑宝石李

原名 Friar。系美国品种，由 Gariota×Nu-biana 杂交育成。该品种在美国广泛栽培，居加利福尼亚州十大李主栽品种之首。

树冠为纺锤形，树姿半开张，枝条生长直立。主干和多年生枝暗灰色，1年生枝黄褐色，表面光亮，皮孔稀，不明显，节间长 1.47 厘米，新梢棕红色。花中大，每个花芽有 2 朵花。树势强，萌芽率为 82.7%，平均成枝力 3.4 个。2 年生树开始结果，幼树长、中、短果枝均可结果。4～5 年生树进入盛果期。

果实扁圆形，平均单果重 72.2 克，最大单果重 127 克。果顶圆，缝合线明显，片肉对称，梗洼宽浅。果面紫黑色，无果点，果粉少。果肉乳白色，肉质硬而细脆，果汁多，味甜；含可溶性固形物 11.5%，总糖 9.4%，总酸 0.83%。离核；核小，椭圆形。果实品质上等，可食率为 98.9%。果实在常温下可存放 10～20 天。

该品种结果早，丰产。果实可用以加工李干和李脯等。该品种抗寒，抗旱，适应性强。现分布在山东、辽宁、河北、河南、江苏、浙江和福建等省。适宜在黄河以北地区栽植。

（七）冰糖李

该品种原产于欧洲。1855年左右从欧洲传入我国。

果实倒卵圆形，平均单果重20.5克，最大单果重29.5克。果实纵径为3.77厘米，横径为2.81厘米，侧径为3.03厘米。果顶凹；缝合线浅，明显，片肉较对称；梗洼突起。果皮厚，难剥离；底色黄绿，着紫红色；果粉中厚，白色。果肉黄绿色，肉质松脆，纤维中多，粗；汁多，味甜，稍香；含可溶性固形物18.4%，pH值4.5，含总糖10.8%，总酸0.6%。黏核，核狭椭圆形，表面较光滑，脊线浅，较长，侧线处隆起，近基部有隆起线。核重0.8克，纵径为1.92厘米，横径为1.09厘米，侧径为0.64厘米。果实可食率为96.1%，品质上等。在常温下，果实可贮放10～15天。

树冠纺锤形，树姿直立。树势强健。萌芽率为59.76%，成枝率为37.76%。以花束状果枝结果为主，采前落果轻。3～4年生树开始结果，5～7年生树进入盛果期。

该品种适应性较强，果实成熟期晚，品质好，为晚熟鲜食李优良品种之一。

该品种抗寒性较强，其抗寒力为-35.2℃。较抗细菌性穿孔病。适宜在华北和东北等地区栽植。

（八）澳大利亚14号

原产于美国。主要分布在河北、山东及辽宁南部等地区。

树冠为倒圆锥形，树姿直立。主干较粗糙，树皮纵裂，灰褐色。枝条着生较密，多年生枝红褐色，1年生枝黄褐色，生长直立，无茸毛，节间长1.43厘米，无刺。花芽鳞片紧；花白色，5瓣，雄蕊22～30枚；每芽有1～2朵花。叶片长8.9厘米、宽5.03厘米，叶柄长1.15厘米，浓绿、有光泽；叶缘锯齿圆钝，复锯齿；叶背主脉绿，带红晕。

果实扁圆形，平均单果重 87.4 克，最大单果重 113.5 克。果实纵径为 5.27 厘米，横径为 5.47 厘米，侧径为 5.89 厘米。果顶凹陷；缝合线浅，明显，片肉对称；梗洼深较广。果皮底色绿，着蓝黑色，果点灰褐色，较小；皮较厚，充分成熟时易剥离；果粉较厚，灰白色。果肉红色，肉质致密，充分成熟时松软，果汁多，纤维少而细，味甜酸，微香；含可溶性固形物 13.7%，pH值 3.3，含总糖 7.47%，总酸 1.05%。半离核，核小，椭圆形，黄褐色，表面较粗糙，具网状核纹，顶部平，微尖，基部楔形；核重 1.2 克，纵径为 2.07 厘米，横径为 1.64 厘米，侧径为 0.96 厘米。种仁饱满。果实可食率为 98.2%。鲜食品质中上等。在常温条件下，果实可贮放 20 天左右。

树势较强壮。根系分布深而广，须根较多，主要分布在 15～30 厘米深土层处。萌芽率为 80%，成枝率为 11.4%。自花授粉，结实率可达 20.5%。幼树生长较旺，1 年可发生 2 次枝，新梢平均长 102 厘米。随着树龄的增大，生长势逐渐减缓。3 年生树开始结果，5～7 年生树可进入盛果期，6 年生树最高株产量达 50千克，经济寿命约 30 年。

该品种栽培历史悠久，产量高，耐贮，但适应性较差，对栽培技术要求严格，是鲜食的优良品种。该品种适应性较差，抗病虫性较差，枝干易感细菌性穿孔病。适宜在我国华北等地区栽植。

（九）秋姬李

该品种于 1997 年 2 月，从日本引入我国。

该品种的树冠为纺锤形。树干多年生枝呈粉红色，节间较短，芽眼密生饱满。叶片长卵形，较小，叶基呈楔形，先端较尖，叶片浓绿，叶缘锯齿细小。幼树成花早，花芽密集，花粉量较少，需要配置授粉树。秋姬李树势强健，分枝力强，幼树生长旺盛，新梢姿态较直立。

果实近圆形。缝合线明显，两侧对称。果面光滑亮丽，完全着色呈浓红色，其上分布黄色果点和果粉。平均单果重150克，最大果重可达350克。果肉厚，橙黄色，肉质细密，品质优于黑宝石和安哥诺品种。味浓甜且具香味。含可溶性固形物18.5%。离核，核极小。果实可食率为97%。果实硬度大，鲜果采摘后，常温条件下可贮藏2周以上。

该品种果实大，色泽艳丽，丰产性好，品质优良，抗病耐贮，成熟时间晚。该品种抗寒性较强，抗病虫性也较强。现在辽宁、山东、山西和河北等地均有栽培。适宜在华北和东北等地区栽植。

（十）安哥诺李

该品种是美国加利福尼亚州十大主栽品种之一，亲本不详。1994年引入我国。

多年生枝条深褐色，新梢绿色。叶色浓绿，叶面平展，叶脉明显。叶片披针形。花中等大，花瓣白色，每个花芽有花1～2朵，雌蕊发育健全。

果实扁圆形。平均单果重102克，最大单果重178克。果顶平，缝合线浅，不明显。果柄中短，梗洼浅广。果实开始为绿色，后变为黑红色，完全成熟后为紫黑色，采收时果实硬度大。果面光滑而有光泽，果粉少，果点极小，不明显，果皮厚。果肉淡黄色，近核处果肉微红色，不溶质，清脆爽口，质地致密细腻，经后熟后，汁液丰富，味甜，香味较浓，品质极上等。果核极小，半黏核。果肉含可溶性固形物15.2%，总糖13.1%，可滴定酸0.73%。安哥诺李的果实耐贮存，在常温条件下可以贮存至元旦。如果放在冷库之中，则可贮存至翌年4月底。

该品种幼树生长快，树姿开张，树势稳健，具有抽生副梢的特性。结合夏季修剪，当年可形成稳定的树体结构。萌芽率高，成枝力中等。进入结果期后树势中庸。以短果枝和花束状果枝结

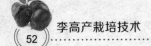

果为主，分别占结果枝量的 36.5% 和 47.5%。花量大，一般坐单果，果个均匀。幼树 3 年结果，丰产性好，3 年生树平均株产量果 8.5 千克。

该品种耐旱力较强，抗病虫害较强。现主要分布于河北、山东和辽宁等地。适宜在华北、东北及西北等地区栽植。

第四章

苗木繁育

我国广大果农在生产上常采用分株扦插、嫁接和实生等方法繁殖李树苗木。用嫁接方法繁殖的苗木，可以利用砧矮化、抗寒、抗旱、抗涝、耐盐碱、抗病虫等特性来增强栽培品种的适合性。其他繁殖方法在生产上很少应用。

一、实生苗繁育

（一）种子检验和处理

1. 形态鉴定 良好的种子特征为小而均匀，种仁饱满，种子的子叶与胚均为乳白色。陈种子的子叶为黄色，没有光泽和开裂。有虫蛀、不充实、有霉烂气味，都是劣种，不可用。

2. 生活力测定 种子的生活力可用染色法测定：先将种子浸水一昼夜，然后用针将种皮仔细剥除（不要伤种仁），将种仁放入 $0.1\% \sim 0.2\%$ 靛蓝胭脂红溶液中，在室内常温下放置 3 小时后，凡是种子着色的，则多为不发芽的，未着色的，则为新鲜种子。此方法多在种子层积处理前应用。

3. 发芽试验 在播种前 $10 \sim 15$ 天，将层积处理的种子取 $100 \sim 200$ 粒，用发芽皿、碟、碗进行发芽试验，发芽皿里摊放上已浸湿的纱布或保温的厚纸，将种子间隔一定距离摆上，然后将发芽皿放在 18℃～25℃ 及适当湿度的地方促其发芽，3～5 天即可发芽，6～7 天后不发芽的，一般就失去发芽能力。

4. 层积处理　长期休眠类型的种子，如山桃、山杏、榆叶梅等，种子从果实中取出后，往往因胚尚未完全成熟，不能立即发芽，必须通过后熟作用才能萌发。种子后熟要求适当的温度、湿度和空气条件，才能促进种皮软化，增加透气性和渗水能力，使酶的活动增强，促使种子内脂肪、蛋白质、淀粉等物质逐渐转化为简单的化合物，从而有利于种子发芽。种子秋播时，一般在自然条件下可通过后熟作用，不必进行特殊处理，春季即可发芽；但若要春播，则必须在播种前一定时期进行层积处理。

层积处理种子时，先把种子于 11 月下旬或 12 月上中旬用水浸泡 3～4 天，然后混入 3～4 份河沙。选高燥、排水良好的地方，挖深 80 厘米、宽 0.8～1 米的沟，沟长视种量而定。在沟底先铺一层 10 厘米湿沙，再放入混有湿沙的种子，或一层种子一层沙，至地面 10 厘米距离为止，然后盖上 10 厘米厚的湿沙与地面平，翌年春天将种子取出播种。

（二）整地施肥

深耕细整育苗地是获得壮苗丰产的重要措施之一。整地可以改良土壤的结构和理化性质，提高土壤的透水性和蓄水保墒能力，并可增强土壤的通气性，有利于根系的呼吸，又能促进土壤中微生物的活动，加速有机质的分解，提高土壤肥力。此外，整地还有消灭杂草、拌匀肥料和消灭病虫的作用。因此，土壤经过深耕细整，就为苗木生长发育创造了良好条件。

1. 翻耕施肥　苗圃应选择交通方便，靠水源近，地势平坦，土质肥沃，地下水位适宜的地方。整地前每 667 米^2 施入腐熟的有机肥 4 000～5 000 千克，如土壤较黏重，应加入一定数量的河沙或煤灰，深翻 20～30 厘米，并整平耙细。

2. 做畦筑垄　常用的苗床形式有高床和底床两种。高床的床面一般高于步道 15～20 厘米，床面宽 1～1.5 米，步道宽 30 厘米左右，长短可根据地形而定。这种苗床的好处是利于排水和侧面灌溉，可以提高土壤温度，促进土壤通气，增加肥土厚度，不易发生板结，适用于容易积水和雨量较多的地方，我国南方多采用这种床式。底床的床面比步道低 15～20 厘米，其苗床宽度、长度和步道宽度同高床，这种床式做起来省工，浇水方便，北方干旱地区采用较多。整完地后，如遇冬季干旱，可浇水1 次。

3. 灭菌杀虫

（1）**灭菌**　播种前 3～5 天，在苗床上每 667 米^2 均匀撒施硫酸亚铁粉末有杀菌作用。也可用 40% 甲醛溶液 2.5～3 升，加清水 500 升喷洒床面，随即覆盖 2～3 天，可消灭病源菌。

（2）**杀虫**　苗床深翻前，每 667 米^2 施 5% 甲萘威粉 3.5～5 千克，可杀死虫卵和幼虫。若有条件，每 667 米^2 苗圃施入 150 千克桐油渣或蓖麻渣，既可作基肥又可消灭地下害虫。

（三）播　种

1. 播种时期　一般分春播和秋播两种。

（1）**春播**　在 3～4 月上中旬进行。其优点是种子在土壤中停留的时间短，可减少鸟兽等的危害，同时春播地表不易发生板结，便于幼苗出土。适时春播，幼苗不易遭受低温、霜冻等自然灾害，但要注意种子出土所需天数，方可正确掌握播种的适宜时间。

（2）**秋播**　在 10～11 月份土地封冻前进行，秋播的优点是能省去种子层积等工序，适宜播种时间较长，劳力安排较容易，翌年种子发芽早，出苗比较整齐。但秋播种子易遭鸟兽危害，应注意防治，如遇干旱应进行冬灌或播后用草或沙覆盖，以保持一定湿度。

2. 播种方法　播种方法有条播、撒播和点播 3 种。播种前灌足底水，在整平耙细的床面上按一定的距离开沟，把种子均匀地撒在沟内，播后立即覆土。覆土厚度为种子直径的 2～3 倍，黏重土壤覆土要薄一些，沙质土壤覆土要厚一些；秋播覆土要厚，春播要薄，天气干旱，水源不足的地方覆土要稍厚一些，土壤黏重容易板结的地块，可用沙土和腐熟的有机肥混合物覆盖。

撒播由于管理工作不方便，生产上很少应用。点播适于大粒种子，播种后最好不灌水，以防土壤板结，降低土温。如遇干旱，灌水后待地面黄墒时浅耙 1 次，破除板结，以利出苗。

3. 播种量　播种量应根据当地的气候条件、土壤墒情、种子种类和播种方法来确定。一般而言，土质好、灌水方便、种子质量高、籽粒小、点播，播量可少些；反之，土质差、水源缺、种子质量差、颗粒大、撒播，播种量应适当加大。

根据各地经验，每 667 米^2 播种山桃种子需要 40～50 千克，山杏 25～30 千克，毛樱桃 4～6 千克，榆叶梅 6～10 千克。

（四）苗期管理

1. 间苗、补苗和摘芽　播种苗的播种密度一般要大于计划留苗的密度，因此，苗木出土后必须间苗。留苗的适宜密度要根据树种特性和土质情况来确定。一般要求幼苗互不拥挤、苗叶互不重叠，保证各个苗子都有一定的营养面积。密度过大、通风透光不良、苗木生长细弱，也易患病害；密度过小，不能保证单位面积产苗量，同样易滋生杂草，浪费土壤中的水分和养分。

间苗分 2 次进行，一般在幼苗长出 2～3 片真叶时开始第一次间苗，过晚会影响苗木生长。第二次间苗在苗高 5 厘米左右时进行。定苗时间要适当晚些。定苗时的留苗量应比计划的产苗量稍多一些。

幼苗出土后，如发现断条缺苗现象，可结合间苗进行移苗补缺，即将生长过密处的苗木带土起出，移植在缺苗的地块上，补苗后要及时灌水。苗木上的侧芽应及时抹除。

2. 施肥　肥料是苗木生长的物质基础，只有施足肥料，才能培育出健壮的苗木。在苗生长旺盛期要及时追施氮肥2～3次，生长后期要追施磷、钾肥，在雨量较多地方或在沙质地追肥时，要少施勤施，避免肥分损失。撒化肥时，注意不要把化肥撒在苗叶面上，以免烧伤幼苗，影响生长。追化肥时最好在雨前进行，这样可借助雨水把肥料渗入土中，有利于苗木吸收。另外，在苗木生长季节，可进行叶面喷肥，但浓度不能过高，否则会烧伤幼苗，尿素浓度以0.3%～0.5%为宜，磷、钾肥以1%为宜。整个生长期内，以喷洒2～3次叶面肥为宜。

3. 灌水　水分在苗木体内有着输送养分和调节体温的作用。土壤中的养分必须经水溶解后，才能被苗木根部吸收，继而输送至茎、叶组织中加以利用。苗木在蒸腾作用中失掉的水分，也需要土壤中有适量的水分来补充。

灌水的适宜时间、用量和方法，应根据树种或同一树种的不同生育期，以及土壤、气候等多种因素综合考虑，灵活掌握。一般来说，为保证种子发芽出土和幼苗正常生长，下种前即应结合整地灌足底水，在种子发芽期间和幼苗未出齐之前，切忌灌"蒙头水"，以免土壤板结，地温降低，影响种子发芽出土。苗长大后可逐渐加大灌水量，减少灌水次数。

一般来说，苗圃土壤含水量不宜过大，长期过多的水分，会使土壤缺氧严重，影响苗木根系的呼吸和茎叶光合作用的正常进行；同时，还会使苗木根系腐烂，并引起病害发生。因此，在苗木生长期内，既要掌握好灌水量，又要注意排除积水，以保持适宜的土壤含水量。

在嫁接时，若天气过于干旱，砧木苗不易开皮时，可提前1周灌1次透水，以利于提高嫁接成活率。

4. 病虫害防治　天旱时，李树砧木苗易发生蚜虫、卷叶虫、刺蛾等虫危害，可喷40%乐果乳油或50%敌敌畏乳油1 000～1 500倍液。其他害虫如蝼蛄、蛴螬、地老虎等往往会引起缺苗

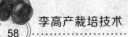
断垄。对地下害虫可喷施 25% 溴氰菊酯等农药。若发现幼苗有立枯病时，应及时排水和中耕除草，以提高地温，同时在苗木上喷 70% 甲基硫菌灵可湿性物剂 800～1000 倍液或 65% 福美胂可湿性粉剂 300～500 倍液。

二、嫁接苗培育

（一）砧木种类和选择

1. 小黄李　属中国李中的半野生类型，主要分布在长白山脉和松花江流域。该砧木种核小、卵球形，每千克种核 1400～1600 粒。和李子嫁接后亲和力强，树冠较大，树体寿命长，抗寒，地表积水长达 70 天之久时仍能正常生长，是李子珍贵优良的砧木资源。

2. 山桃　主产于山西、陕西、河北、甘肃等省，每千克种核 450～500 粒，苗木生长势强，与李嫁接亲和力好。树冠高大，分枝较多，树体成形快，抗寒、抗旱，在碱性土壤中也能生长。缺点是不耐涝。

3. 西北利亚杏和普通杏　主产于我国北方，每千克种核 600～900 粒。山杏抗寒、抗旱，适应性强，和李树嫁接愈合良好，生长旺盛，寿命长，不长根蘖，但不适合地下水位高和低洼地栽植。

4. 榆叶梅　主要分布在我国北方山坡上，野生，每千克种核 3100～4500 粒。榆叶梅抗寒、抗旱、耐盐碱，与李嫁接亲和力强，嫁接的李树矮化，适宜密植。缺点是耐涝性差。

5. 毛樱桃　北方各省均有分布，每千克种核 10000～12000 粒，种子出苗率高，与李嫁接亲和力好，矮化，结果早，抗寒、耐旱，适应性强。缺点是抗涝性差，嫁接后的李品种果实变小，树体寿命短。

一般来说，一个优良的砧木应具备以下几个特点：①对当地

的土壤气候条件有较强的适应性。②与嫁接品种有良好的嫁接亲和力。③对嫁接品种的生长和结果有良好影响。④对当地的病虫害有较强的抵抗力。⑤繁殖材料丰富，易大量繁殖。

（二）接穗采集

1. 接穗选择与处理　选取接穗必须根据当地品种区域要求，选择适合当地栽培的优良品种。同时，考虑早、中、晚熟品种的搭配。

选择接穗的母树，必须是树势健壮、丰产优质、无病害优良的壮年果树外围的发育枝作为接穗。对于在未结果的幼树上或嫁接苗上采集接穗，曾有过争论。有人认为未结果幼树上采取的接穗在嫁接后结果迟，还容易发生变异而不主张应用。不同年龄树上采集的不同年龄的接穗，在养分和生长刺激素方面有不同的储备，对结果有不同影响。结果的早晚与品种、气候、农业技术、砧木品种和年龄等诸多因素也都有关系。例如，经陕西省林科院试验，采集蜜思李嫁接苗上的接穗进行嫁接培育的苗木，第二年始花挂果，但盖县李采集嫁接苗上的接穗培育的嫁接苗在定植5年后才结果。如果采集同样的盖县李接穗，嫁接在结果树上（高接换头），第三年即能结果。

供春季枝接用的接穗，可结合冬、春季修剪进行采集。秋季芽接的接穗，采下后应立即剪去叶片，以减少水分蒸发；但要保留叶柄，以便于嫁接取芽和检查成活率。为了防止品种混杂，接穗采集后应及时挂上品种标签和注明采集地点。

2. 接穗的贮藏　冬季或早春采集的接穗，可在冷凉处挖深40～60厘米、宽60～80厘米的沟。沟长视接穗数量而定，沟底铺10厘米厚湿沙，摆好接穗，上覆湿沙，防止干燥和失水。

夏季采集的接穗，最好随采随用。用不完时，将接穗悬吊在较深的井内水面上方或竖立在地窖内，用湿沙埋藏，这样可保持5～7天。

（三）嫁接方法

1. 枝接　利用母树枝条一段作接穗的嫁接方法叫枝接。在果树育苗上常用的有劈接、切接、腹接、插皮接等方法。

（1）**劈接**　劈接是常用的枝接方法，多适用于 2 年生以上较粗的砧木，嫁接时间在春季解冻后至离皮前。先在准备嫁接部位选木质纹理顺直、皮部光滑处将砧木锯断，削平断面后用刀在砧木断面中间将砧木劈开，深度应略长于接穗切面，过粗的砧木要从边上劈，以减小劈缝的夹力。然后将接穗基部削成两个长度相等的楔形切面，切面长 3 厘米左右。切面要平滑整齐，一面稍薄，一面稍厚。将砧木切口撬开，插入接穗，稍厚的一侧留在砧木切口的外围，使砧木与接穗的形成层对齐。接穗削面上端需"露白"。接好后用塑料条绑紧包严，以免苗木失水影响成活。

（2）**切接**　嫁接时间以春季萌芽前后至展叶期进行为宜，只要接穗不萌发，嫁接时间还可延长。先削接穗，接穗长度通常以保留 2～3 个饱满芽即可。将接穗基部两侧削成一长一短的两个削面。长削面 3 厘米左右，短削面 1 厘米左右，削面应平滑。之后，砧木应在欲嫁接部位，选平滑处截去上端，削平断面，选平整光滑面，在截口稍带木质部处向下纵切。切口长度与接穗长削面相适应，然后插入接穗，使二者形成层对齐，然后立即用塑料条包严绑紧。

2. 芽接　芽接是常用的嫁接方法，操作简便，嫁接技术容易掌握，工作效率高，嫁接成活率高，节省接穗，且一次接不活还便于补接。常用嫁接方法为"丁"字形芽接和带木质部芽接。

（1）**"丁"字形芽接**　在我国中原地区，8～9 月份树液流动旺盛期容易削皮，此时进行嫁接成活率最高。如果培育"三当"苗（当年播种、当年嫁接、当年出圃），嫁接时间可提前到 6 月份。选健壮发育枝上的饱满芽，作为芽接对象。先在芽的上方

约 0.5 厘米处横切一刀，深达木质部，然后在芽的下方 1～2 厘米处下刀，刀口略倾斜向上推削到横切口，用手捏住芽的两侧，左右轻摇，掰下芽片。之后，再切砧木。在砧木距离地面 5 厘米左右处光滑面，用刀切一"丁"字形切口，深达木质部，大小与接芽相适应。用刀尖左右撬开树皮，将芽片顺"丁"字形切口插入砧木皮层之内，芽片的上边对齐砧木横切口，然后用塑料条绑紧，将芽片上的叶柄留在外面，以便检查成活率。

（2）**带木质部芽接**　此方法也叫嵌芽接。当接穗和砧木不易离皮时均可采用此方法芽接。操作时倒拿接穗（使接穗芽朝下），在芽内上方 0.8～1 厘米处向下斜削一刀，然后在芽的下方 1 厘米左右处斜削一刀，刀口深至第一刀的削面，即可取下带有木质部的接芽，芽片长 2 厘米左右。然后，再切砧木。按芽片的大小，再相应地在砧木上由上而下切一切口，长度应比芽片稍长，在刀口的 1/2 处再横向切一刀，取下一小段带木质的砧皮。之后，将芽片插入砧木切口中，用塑料条绑紧接口。

（四）嫁接苗管理

1. 芽接苗管理　芽接后 2 周，检查成活率，凡是接芽呈新鲜状况，叶柄一触即落，表示成活；若叶柄干枯不易落者，说明未活，可及时补接。春天在接芽上方 0.5 厘米处，将砧木剪掉，剪口向接芽背面倾斜，以利愈合。待芽萌动后将绑缚物解除，并适时将砧木上其他萌芽除掉。

2. 枝接苗管理　当接穗发芽后，用土埋者轻轻把培土扒开，用塑料条绑缚的，可松动绑条，选留 1 个生长旺盛的新梢培养，将多余的梢及早除去。也要除去砧木上的萌芽，若未接活，则在砧木上保留 1 个新梢，于夏、秋季再行补接。

要及时中耕除草，追施肥料，前期以氮肥为主，8 月份追施磷、钾肥，结合施肥要进行灌水，还要注意防治病虫害。

三、苗木出圃

（一）起　苗

起苗前应对圃内苗木进行品种核对，数量调查，并准备包装材料和运输工具，选定假植场地，做好出圃准备。

秋末冬初在苗木落叶后至封冻前进行起苗，也有在春季土壤解冻后苗木发芽前起苗的。起苗前若土壤干旱，可提前灌水1次。这样不仅起苗时省工省力，而且不易伤根。起苗时，在距苗木根部20厘米处下锹挖苗，尽量少伤根部和苗木。同时，应将根系中挖伤及劈裂的部分剪掉，然后按品种和苗木质量进行分级。

（二）苗木分级、假植

起苗后，立即将苗木移至背阴无风处整理。苗木主根长度要达15厘米以上，侧根数量3～4个，须根越全越好，根际茎（接合部上方8～10厘米处）0.8厘米以上，苗高在80厘米以上，接合部愈合良好，无病虫害，达到以上标准为一级苗。

假植沟应选择高燥平坦、风小的地方，假植沟东西方向，沟宽0.8米、深0.7米，长度视苗数量而定。假植时苗干向南45°倾斜，一层苗木一层土，培土厚度在我国中原地区露出苗高的1/2，在中原以北地区由于寒冷，只能露出苗高的1/3。覆土时要使根系和土壤充分密接，土干时应浇水，防止苗木风干。

（三）苗木检疫

苗木在就地栽植或外运时要严格检疫，防止病虫害传播。目前，列入检疫对象的病虫害有苹果吉丁虫、美国白蛾、苹果绵蚜、苹果黑星病、梨圆蚧壳虫、葡萄根瘤蚜等，发现上述检疫对象的苗木应集中烧毁。苗木出圃后，需经过国家检疫机关严格检验后签发证明，才能调动。对其他一般性病虫害，也应控制其传播，出圃时应进行消毒。

对病害可用 4～5 波美度石硫合剂或 1：1：100 波尔多液喷苗木的地上部分，根部可浸入药液 10～20 分钟，再用清水洗根。

对虫害通常用溴化甲烷熏蒸。在能密闭的室内，按房屋体积容量计算出用药量，根据所用药剂性能确定熏蒸时间。氰酸气一般由氰化钾加硫酸产生，熏时配药，溴化甲烷在常温下能挥发产生气体，可直接使用。

（四）苗木包装、运输

外运苗木时，根据运输路程、运输工具、运输方法来决定包装材料，一般以廉价、轻质、坚韧、保湿者为好。由汽车、火车、邮局发运者，应以针织袋、薄膜、锯末为佳，近距离运输者则以草袋、蒲包等物料为宜。无论运苗距离大小，为使根系不失水分，苗根部都应放湿锯末或湿草，然后将根部包严。一般 50～100 株捆 1 包，挂好标签，注明产地、树种、品种、数量。若远途运输，则在途中还应浇水，以防止苗木被风干而降低成活率。

第五章

建园及苗木栽培

一、李树对环境条件的要求

（一）土 壤

李树对土壤要求不十分严格。中国李树对土壤的适应性强于欧洲李和美国李。北方的黑钙土、南方的红壤土、西北的黄壤土，均适宜于李树生长。

李树对环境条件适应性强，南北各地都有分布。平地、坡地、山地栽植均能正常生长结果。李树根系生长的最适地温为18℃～20℃，生长在沙壤土上的李树根系较深，须根也较多；在黏性土壤上生长的李树，根系较浅，而且根多分布在上层。

土壤中的酸碱度对根系的吸收有一定的影响作用。酸性土壤有利于硝态氮的吸收；中性或碱性土有利于氨态氮的吸收。欧洲李宜生长在肥沃的黏质土上，而美洲李要求土壤疏松、排水良好。一般疏松肥沃的厚土层，对李树的生长发育比较有利。

（二）温 度

李树对温度的要求因种类和品种而异。例如，同为中国李中的红干核、窑门李生长在北方，可耐 -35℃～-40℃的低温；而生长在南方的椎李、芙蓉李等，则对低温的适应性较差，对低温非常敏感。冬春干旱及开花前的低温，对李树的坐果有直接影响。

李树开花期最适宜的温度为 12℃～16℃。不同发育期的有害低温也不同，花蕾期 –1.1℃～–5.5℃；开花期 –5.5℃～2.2℃；幼果期 –0.55℃～–2.2℃。我国东北辽宁、黑龙江、吉林等地培育的李树，因其长期生长在寒冷地区，其耐寒力一般较强；而引种栽培的欧洲李是在地中海南部地区气候较为温和的环境条件下形成的，则适于温暖地区栽培。据调查，栽培在海拔 500 米以上的李树，其花期可较平原地区推迟 2 周左右；同是山区，栽植在阴坡李的花期较阳坡推迟 1 周左右，因此，正确选择园址，利用小气候条件，也可预防花期冻害的发生。

（三）湿　度

李树的根系分布较浅，抗旱性一般，喜潮湿，对土壤缺水或水分过多反应敏感。李园土壤若能保持土壤相对含水量 60%～80%，根系就能正常生长，李树在新梢旺盛生长和果实迅速膨大期，需水最多。但在花期干旱，空气湿度小时会影响授粉受精。花芽分化期和休眠期则需要适度干燥。

空气湿度对李树的生长也有很大影响。若空气过于干燥，会使蒸腾作用加强，枝条丧失了正常含水量 50% 以上的水分时，枝条就会干枯。

李树对水分的要求，因种类和品种不同而有差异，欧洲李和美洲李对空气湿度和土壤湿度要求较高，中国李对湿度要求不高。

（四）光　照

李树较为喜光。光照充足时，树势强健，枝繁叶茂，花芽分化好，产量增加，果实着色好，而且含糖量增加，李果品质好；而光照不足时，枝梢较细弱，花少果稀。因此，要使李树获得丰产，必须合理密植，在修剪时，去掉一部分过密枝，打开光路，使内膛有一定的光照条件，才能不使结果部位大量外移。但光照过强，常使果实及枝干发生日灼，对李树生长也不利。

（五）风

风能帮助李树授粉，并能改善空气温度和湿度，轻度的风能补充树叶外围的二氧化碳，使光合作用加强，对树体生长有利。但强风往往使树体产生偏冠，主枝弯曲，枝断果落，叶片破损；冬季干燥的西北风常使树体产生冻害。因此，在风害较为严重的地区，应在果园周围营造防风林带，可有效地减轻风害的发生。

二、建　园

（一）园址选择

李树对土壤要求不严，可在沙土、壤土、黏土等不同土壤上栽植，但以土层深厚、肥沃、保水性较好的土壤栽植更好。一般平地、丘陵、山地、沙滩盐碱地上也可以栽植李树。在山地建园时应首先进行工程整地，然后进行栽植；在山坡地低洼处建园时，选择开花较晚的品种较好，能够避免晚霜的危害。杨凌区曾在渭河边土壤 pH 值 7.5～8.1 的碱盐沙滩地上成功地进行了李树栽植，并取得了显著的经济效益。因此，大力进行河滩地的开发，可为李树的发展提供更广阔的天地。

（二）果园规划设计

建园地点选好后，就要进行果园的规划和设计工作。果园规划设计工作包括以下内容：首先进行果园地形图的测绘，作为最基本的原始图保存，然后根据土壤状况、地形和气象、水文资料，写出建园论证报告，确定建园范围，防风林、道路、灌溉系统和建筑物。果园要根据地形划成若干小区。小区是果园经营管理的最基本单位，地势较为平坦的果园，小区的面积约 70 亩（1

亩≈667米²），山地果园小区可小些。平地果园的小区最好是南北向，以利于果园获得较均匀的光照，山地果园的小区应水平设置，长边与等高线平行，以利于水土保持。李园还必须有固定的道路系统，由主路、干路和支路组成。主路要求位置适中，宽7～8米，便于运肥和运送果品。山地果园主路可环山而上，呈"之"字形。道路设置时应与防风林、水渠相结合，尽量少占果园，道路占果园总面积的3%～5%为宜。果园排灌设施也是园地规划的重要组成部分，灌水系统包括干渠、支渠和输水沟。干渠应设在果园高处，以便能控制全园。支渠多沿小区边界设置，再经输水沟将水引入果树盘内渗入土壤。有条件的地方，应大力推广喷灌、滴灌，以节约用水，减少水分的损失。山地或丘陵果园应有蓄水设施。地下水位较高的果园，应挖明沟进行排水，以免雨季长期积水对果园造成危害。

（三）整地和改土

平地建立李园，可按规划设计的株行距，开挖定植穴，施入有机肥，以备栽植。若是在沙地建园，则必须先进行土壤改良，方法是在沙中掺土和有机肥，用黏土1份、沙土2～3份，再混入一定数量的有机肥。将三者拌匀后填入栽植坑，以后每年进行扩穴、掺土、施肥，可有效地改变土壤的物理状况。山地建园时，可结合整修梯田和鱼鳞坑进行土壤改良工作。盐碱地建园时，最有效地排除盐碱的方法是在李树行间挖排水沟，将树盘修成台，可使盐碱顺水排出。

三、苗木栽植

（一）栽植方式

1. 长方形栽植　这种栽植方式的好处是行距大于株距，通风透光好，便于管理。

2. 正方形栽植　特点是株行距相等，光照好，管理方便。

3. 等高栽植　适宜于山地果园，按一定的株行距将果树栽植在同一条等高线上。此外，还有带状栽植、三角形栽植等方式。

在土壤条件好、田间管理水平一般的果园，株行距可采用 2 米×4 米或 3 米×5 米，山地、沙滩土壤瘠薄的地方可采用 3 米×4 米。

（二）授粉树配置

李树有些品种自花结实率较低，所以在建园时除考虑主栽品种外，还应配置一定数量的授粉树，才能提高产量。

授粉品种应与主栽品种花期相近，花粉数量多且与主栽品种亲和力良好。授粉树配置的比例：2 行主栽品种，1 行授粉品种；或 3 行主栽品种，1 行授粉品种。也可以考虑每 8 株主栽品种和 1 株授粉树进行配置。

（三）栽植方法

平地果园栽植时，先按株行距做好测绳的标记，然后在栽树的田块四周定点，将测绳沿两对边平行移动，每移动一次，即可确定一个定植点，用石灰做好标记。地形较为复杂的山地果园，先进行工程整地，然后栽树。定植点确定后，即可进行定植穴的开挖，一般坑深 80 厘米、直径 100 厘米，挖坑时表土放在一边，心土放在一边，然后将有机肥与土壤拌匀，回填时先填表土，再填底土，灌水沉实。春季栽植时，在定植点挖一小穴，将李苗放在定植穴中央，使根系舒展，然后培土，土深以苗木原来在苗圃内生长时留下的土印为准。填土时要把苗木轻轻向上提动，把根系舒展开，边填土边踩实，使土壤与根系充分结合。在树干周围修树盘，灌足定根水。待水完全下渗后，在树盘上撒上一层细土，并将苗木扶直。

（四）栽后管理

1. 定干　李树栽植后要及时定干，一般干高 50～60 厘米，再留 20 厘米的整形带，共剪留 70～80 厘米。整形带内要留饱满芽，以利于发出健壮枝条，选留作主枝用。其余的不充实枝芽要及时剪除，可减少树体的水分蒸腾。

2. 堆土防寒　在冬季严寒地区栽植李树，为防止冬春发生冻害，可在入冬前在离苗木 50 厘米的西北面，堆成月牙形土堆防寒，等开春苗木萌芽后再撤除土堆。

3. 灌水　秋季栽植的李树，入冬前要灌封冻水，水分下渗后及时松土。开春苗木萌芽前也需及时灌水，以利于芽的萌发。

4. 检查成活率及补苗　秋季栽植的李树，在开春树木萌芽时，要及时检查苗木成活情况，发现死苗时，要及时补植同龄苗。

5. 防治病虫害　早春苗木发芽时，易受金龟子和蚜虫危害，所以要注意观察，及时进行人工捕捉或药剂防治。

四、土肥水管理

（一）土壤管理

1. 扩穴　为了促进李树根系的生长发育，保证树体健壮生长，对于栽植在较为黏重土壤的李树苗，必须进行扩穴。深翻扩穴的时间最好是秋季，因为这段时间是根系生长的高峰，因扩穴而切断的根系，能够很快愈合；而且秋季是个多雨的季节，即使扩穴后不能灌水，雨后也可使穴内踏实，使根系很快恢复生长。扩穴时要从里向外翻，深 60 厘米左右，翻出的表土放在一边，下层土放在一边，回填时表土放底下，生土放上面，在放肥或杂草时应尽量拌匀，分层放入，以免肥料发酵后烧伤幼根。在深翻扩穴时，应尽量避免伤根过多。超过筷子粗的根系，注意不要切断，外露根系要用土暂时埋住，回填时将根系放入下层。深翻扩穴的沟，要随挖随填随灌水，不要因为干旱时间过长而影响地下部分根系的生长。

2. 翻耕 李园翻耕能够提高土壤孔隙度，增强土壤保水、保肥能力及通气透水性。翻耕结合施肥，还可以使土壤中微生物数量增多，活性加强，从而加速有机质腐烂和分解，提高土壤肥力，使根系数量增加，分布变深，对于瘠薄的山地、黏土地效果更为显著。这是加速土壤熟化最有效的手段，深耕也可以消灭杂草，减少果园病虫害的发生。

深耕的时间最好是在树体休眠以前进行，此时地上部分已经停止生长，树体内的营养物质向主干、根颈及根系运输储存，而根系也常常在这个时期出现第二或第三次生长高峰。切断根系，可使营养物质停留在断伤处以上，不致树体由于根系的切断而受损失。并可在休眠前产生相当多的新根，为第二年春季生长创造条件。深耕通常从秋季开始，一直到冬季封冻前为止，因此，可随李树品种成熟期的早、中、晚逐步进行。在干旱季节深耕时，由于蒸发量大，所以必须及时灌水，否则会导致土壤更加干燥。

深耕的深度取决于土壤质地和土层结构。沙壤土一般深耕到40～60厘米为宜。河滩地，底层为很深的粗砂或砾，深耕后反而漏水、漏肥，不宜太深。

深耕在李树的行间或株间进行。深耕沟的两侧距主干应达1米，以免伤大根。深耕时若能将厩肥、绿肥及饼肥等混杂在翻耕的土壤中，将更有效地起到改良土壤的作用。随着深耕这些肥料可施用在根系的主要分布层附近，以便吸收。

在深耕时，应尽量少损伤直径1厘米以上的根系，根系不要在土壤外暴露的时间过长。深耕后要及时灌水，使土层自动下沉，使根系与土壤密切接触。

3. 间作 间作是在李园内合理利用土地，增加经济效益，发展立体农业，达到以地养树、以短养长、以园养园的目的。果园未挂果以前收入少，进行合理的果粮、果药、果菜间作，是李园经济收入的主要来源。在山坡地李园间作，可以减少土壤冲刷，截留地表径流，对于园内的水土保持大有益处。沙滩地李园间作时，通过间作物的遮阴作用可以降低土壤温度，有利于夏季高温时果树的根系活动。同时，间作物和果树一样，在生长过程中需要一定的肥水，应注意及时灌水、施肥，以保证果树的正常生长结实。适宜于李园间作的作物种类如下。

（1）**豆类**　如绿豆、黄豆、红小豆、豌豆、黑豆、花生等，我国南北方均能种植。这类作物有根瘤菌，具有固氮作用，生长期短，可以在一年中轮种数次，特别是在瘠薄的山地果园套种，对于增加土壤肥力，有一定的作用。

（2）**蔬菜类**　一切叶菜及根类蔬菜均可以在果园中种植，其经济价值较高，但需要充足的肥水供应，并精耕细作，才能获得丰收。

（3）**药用植物**　种植中草药经济效益高，如丹参、沙参、白菊花、牛夕、黄芪等，对改良李园土壤非常有利。

（4）**薯类**　如马铃薯、甘薯等，薯叶可以还田肥田，起薯时还可以深翻熟化土壤。

李园间作蔬菜时，可隔年种植，因为种植蔬菜浇水多、虫害也多，对李园不利，在间作时也要留出树盘，行间保持 30～40 厘米的清耕带，以不影响李树正常生长为宜。

4. 其他措施

（1）**中耕除草**　中耕可以切断土壤毛细管，减少土壤水分蒸发。中耕的同时，也可以消灭果园的杂草，减少土壤水分的无益消耗。早春中耕，还可以使土壤的温度显著提高，有利于根系的生长和土壤中微生物活动。

春季中耕应在花前浇水后进行，深度为 10～15 厘米，可以有效地提高地温。在果实近硬核期地面杂草较多时，结合灌水进行第二次中耕，深度为 5～10 厘米。夏季为了消灭杂草，保持

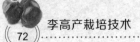

土壤通透性，要进行多次浅耕或除草。果实采收后要进行1次秋耕，深度为15厘米左右。

果园除草，要做到"除早、除小、除了"。对于面积较大的果园，人工除草有困难时，要利用化学药剂。除草剂除草是一种高效低成本、行之有效的好方法。目前，在生产上已被广泛利用。除草剂的类型，按作用途可分为触杀剂、内吸剂和土壤残效型三大类。防治1年生杂草多用触杀剂，它能杀死接触到药液的茎、叶，主要药剂有百草块、除草醚等。

喷洒内吸型除草剂被植物吸收后，能遍及植株全体而影响根系，因而能杀死多年生杂草。内吸型除草剂主要种类有2,4-D、茅草枯等。

土壤残效型药剂，主要通过植物根系吸收来杀死杂草，并能保持较长的药效，如敌草隆、敌草脂、西玛津等。

（2）**果园覆盖**　覆盖能够改良土壤结构，增加土壤有机质的含量，又能减少土壤水分的蒸发，并能抑制杂草的丛生，调解土壤的温度，有利于根系的生长，这是旱地果园目前最有效的保墒措施。

①绿肥覆盖　山坡地李园可在田埂广种绿肥，滩地李园可在行间广种绿肥。在绿肥开花期，将其割倒覆盖在树冠下，厚度为15厘米以上。

②杂草覆盖　用杂草覆盖可以就地取材，在杂草种子没成熟前割倒覆盖于树下，也可以在行间种草，进行株间树冠下覆盖。

③秸秆覆盖　将麦秸或玉米秸切成15厘米长的区段，覆盖于树盘上，距主干15厘米，以防鼠害。覆草后上面用土轻压，防止被风吹走，覆草厚度为10～15厘米。坚持2～3年，对果树生长大有益处。

（二）合理施肥

合理施肥是保证李树正常生长发育和丰产的重要措施之一，也是提高土壤肥力，改善土壤团粒结构的重要措施。实践证明，对李树进行合理施肥，可以使李树健壮生长，延长结果年限和寿命，促使花芽分化，减少落花落果，提高果实的产量和质量，防止李树形成大小年结果现象，增加李树对不良环境的抵抗力。据调查，同是 8 年生李树，单株施圈肥 150 千克、化肥 1.5 千克，第二年施肥的树新梢长 80 厘米、树冠直径 500 厘米，单株产量 90 千克；而未施肥的新梢长 32 厘米、树冠直径 380 厘米，单株产量 28.5 千克，差异十分明显。因此，李树要取得丰产，必须先重视施肥。

1. 基肥　基肥是迟效性的有机肥料，也是李树生长期间的基础肥料。有机肥中含有丰富的有机质和腐殖质，以及果树需要的大量元素和微量元素，为完全肥料，其养分主要以有机状态存在，须经过微生物发酵分解，才能被果树吸收利用。基肥种类有人畜粪尿、秸秆、杂草、落叶、垃圾等（利用微生物活动使之腐败分解而成的堆肥），以及炕土、河泥、陈墙土、豆饼、花生饼等。

基肥以秋施较好，此时正值根系生长高峰，断根容易愈合，而且肥料腐熟分解充分，矿质化程度高，翌春可及时供果树吸收利用，部分肥料还可以当年被树体吸收，有利于树体营养物质的积累。

施肥量的多少，要根据树龄、冠幅、生长势、结果量、土壤肥力状况以及历年的施肥情况而定。定植的第一年小树，每年施入 50 千克左右基肥。进入结果期，基肥的施用量至少要做到"斤果斤肥"或"斤果 2 斤肥"。

基肥施入时多采用如下办法：①环状沟施肥法，在树冠外缘挖一环状沟，宽 35～40 厘米、深 50～60 厘米，将肥料施入沟中而后覆土。此种办法操作简单，用肥经济集中。②沟状施肥法，第一年在树冠外缘东西两侧挖宽 35～40 厘米、深 50～60 厘米的两条沟，将肥施入后覆土。第二年在树冠南北方向进行开沟，交替施肥，这种方法施肥面积较大，适宜于盛果期大树。③全园施肥法，将有机肥撒在全园，然后翻耕入土中。这种方法适宜于密植园，翻耕时一定要深，不然根系容易上移。

2. 追肥 追肥常以化学肥料为主，化学肥料营养成分含量高、肥劲大、肥效快，但不含有机质，肥效不长，单独使用会使土壤结构变坏，应注意配合使用。常用的氮素化肥有尿素，含氮量44%～46.6%，是固体氮肥中浓度最高的一种，为生理中性肥料；硝酸铵含氮量34%～35%，硝态氮与铵态氮各占一半；碳酸氢铵，含氮17%，除含氮素外，施入土壤后会释放出二氧化碳，有助于磷素的同化作用。磷化肥有过磷酸钙，含磷12%～18%；钙美磷肥，含磷14%～20%；磷矿粉，含磷14%～25%。钾化肥有硫酸钾，含氧化钾48%～52%；氯化钾，含氧化钾50%～60%。复合肥有氨化过磷酸钙、磷酸铵、磷酸二氢钾、三元复合肥等。李树的追肥时期大体有以下3个阶段。

①发芽前或开花前追肥　这时虽然树体内积累了一些养分，也施了基肥，但仍不能满足春季开花和生长大量消耗养分的需要，此时追肥，对提高受精率、减少落花落果、促使新梢旺盛生长有一定作用。施肥的方法是在树冠外缘，挖长60厘米、宽20厘米、深40厘米的3条沟，施肥量每株树（初果期）为0.4～0.7千克，以氮、磷、钾肥为主，比例为1∶2∶1。

②幼果膨大期追肥　此时追肥的主要目的是促进幼果膨大，减少落果，促进叶片生长，增大光合作用的面积。这次追肥以速效氮肥为主，适当增加一些磷酸二氢钾复合肥料，每株树0.5千克。也可进行根外追肥，喷0.4%～0.5%的尿素，使叶片增绿，枝条迅速生长，果实加速发育。

③采果后追肥　结合施有机肥，追施磷、钾肥，这样才能获得丰产。

（三）灌水及排涝

1. 灌水时期 水是果树的生命物质，土壤中的一切营养物质必须有水的参与才能被果树吸收利用。李园灌水应抓住以下几个关键时期。

（1）花前灌水　春季北方气候干燥，对李树萌芽、开花、坐果十分不利。花前灌水会使花芽充实饱满，保持花芽有一定的水分和养分，为授粉良好和提高坐果率打好了基础。

（2）幼果膨大期灌水　此时是李树需水的临界期，这个阶段水分不足，不仅抑制了新梢生长，而且影响果实发育，甚至引起落果，是李树丰产稳产最重要的一环。

（3）越冬水　一般在 11 月上旬李树落叶后、土壤封冻前进行。主要作用是使土壤保持一定温度，促进根系生长，增强对肥料的吸收和利用，提高树体的抗寒越冬能力。

2. 灌水方法和数量

（1）地面灌水　地面灌水是生产上最常用的灌水方法，可分为漫灌、树盘灌水和沟灌。地面灌水简单易行，但耗水量大，土壤易冲刷板结，盐碱地则容易泛碱。

（2）地下灌水　可埋设地下多孔管道送水，具有节水、不发生土壤板结和养分冲刷流失等优点，且便于李园耕作，但投资较高。

（3）喷灌　分固定式喷灌和移动式喷灌两种。喷灌省工节水，保土保肥，受地形地势的影响小，并能改善小气候条件，有利于植株生长发育。

（4）滴灌　在树盘根际处设喷嘴，按一定的速度自动控制水滴，调节供水量，使土壤经常保持适宜的湿度，比喷灌省水。

最适宜的灌水量应在一次灌溉中使果树根系分布范围内的土壤温度达到最有利于果树生长发育的程度。灌水量多少应根据树龄、树势、土质、土壤湿度、雨量和灌水方法而定。土质黏重、雨水多的地方少灌，沙地果园保水保肥力差，灌水要少量多次，以免水、肥流失。

也可以凭经验判断土壤含水量，从而确定灌水量。

3. 排涝　李园若是地势低洼或处于地下水位过高处，在阴雨季节很容易积涝，积水易造成根部缺氧窒息，醇类物质积累使蛋白质凝固，导致根腐而死亡。沙壤土的最大持水量为30.7%、壤土的最大持水量为52.3%、黏壤土为60.2%，或黏土为72%时就应及时排水，排水可分为明沟排水与暗管排水，明沟由总水沟、干沟和支沟组成。具有降低地下水位的作用，投资较少。暗管排水是在李园的地下埋设管道，由干管、支管和排水管组成，分别将土壤中多余的水分逐级排除，其优点是不占地，不影响地上作业。

第六章

整形修剪

一、整形修剪基本知识

（一）修剪时期

1. 夏季修剪 是在生长季节中进行的修剪，夏季修剪完善，不仅树体生长良好，而且可避免枝的营养消耗，减少无效枝的生长。夏季修剪一般进行2～3次。可抹除根部萌蘖，疏除过密枝，抹除双复芽、三复芽，开张角度，拉枝摘心等。夏季修剪可以改善树的风光条件，缓和树势，提高坐果率，促进花芽分化。

2. 冬季修剪 即休眠期的修剪，南方比较暖和的地区落叶后就可进行修剪，北方地区一般从1月份开始，到李树萌芽前结束。冬季修剪原则上要注意维持树形，保持各级枝条之间的主从关系，调节好营养生长和生殖生长的关系。在李树修剪时，如果冬剪和夏剪两者配合运用，修剪的效果更佳。

（二）果树冬剪常用方法

1. 短截（短剪） 剪去1年生枝的一部分。其作用是促进抽枝，去掉顶端优势，促进花芽的形成和坐果。短截的作用与短截的程度有关，分为以下4种。

（1）**轻短截** 对生长较强的1年生枝条，剪去1/4左右，枝条截后加粗生长，使萌芽率提高，形成较多中、短枝，当年生长枝较弱，但总生长量大，起缓和长势、促生花芽的作用。此法适用于李树各类结果枝组的培养。

（2）**中短截**　对1年生枝剪除1/3～1/2，剪口留饱满芽，截后枝条萌发率比短截低，形成的中、长枝较多，全枝的总生长量大，加粗生长较快，起助生长势的作用，适用于整形时培养主、侧枝，使李树有牢固的骨架。

（3）**重短截**　剪去枝的2/3，即在春梢中下部短截，截后能形成1～2个旺枝及中枝，枝条由弱变强，可改变树体的衰弱现象，适应于更新李树的主、侧枝和培养结果枝组。

（4）**极重短截**　在春梢基部2～3个瘪芽处短截，短截后一般萌发1～2个弱枝，但也可能有一旺枝，再去强留弱，可控制强枝，降低枝位，缓和树势，多用于控制改造直立旺枝及竞争枝，培养中、小型结果枝组。

2. 疏剪　李树树冠上若枝条过密，则影响通风透光，不利于花芽分化，要适度从基部剪除一部分密挤和无保留价值的枝条。如果要疏剪多年生大枝，那么要逐年分期进行，以免引起全树树势失去平衡而发生徒长。

3. 缩剪　即对多年生枝进行短截，也叫回缩剪或回缩，在控制辅养枝、培养结果枝组、多年生枝换头和老树更新时应用较多。回缩的反应，通常与树龄、树势、枝组、角度有密切关系，树龄愈老反应愈迟钝，幼龄则反应敏感。回缩粗枝对锯口或剪口枝的削弱较重，对二、三级枝复壮效果明显，枝的角度不同对回缩的反应也不同。直立枝条回缩后能萌发出旺枝，使锯口的部位在花束状果枝之上也会抽出枝条，若锯口下没有活枝、活芽，则能刺激不定芽萌发，其抽生的枝条往往比活枝、活芽长的枝还旺。因此，一般直立枝不要回缩过急过重，斜生枝可中度回缩，水平枝回缩后可表现出叶片肥大、花芽饱满、坐果率高、果个大等效果。

4. 缓放 即对1年生枝不剪，经长放后能缓和树势，利于花芽分化，等开花结果后再回缩培养结果枝组。

5. 开张角度和弯枝 主要作用是调节枝的长势，改变枝的延伸方向，使顶端优势下移，防止下部光秃，并可扩大树冠，充分利用空间，改善风光条件，有利于花芽形成。开张角度的方法有多种，有的在冬季进行，有的在生长期进行。

修剪李树时，把截、疏、缩、放几种基本剪法灵活运用起来，是提高李树修剪水平，获得稳产、高产的一项重要举措。

（三）果树夏剪常用方法

1. 抹芽、除萌和疏梢 抹除初萌的嫩芽称抹芽；抹除砧木上的萌蘖称除萌；疏除过密的初生的新梢称疏梢。其作用为选优去劣，节约养分，改善光照，提高留用枝质量，对衰老树还可提高更新能力。

2. 摘心 摘心是去除新梢先端幼嫩部分。摘心的好处为可使枝条加粗生长，增强光合作用，促进分枝，改变发枝部位，增加叶丛枝和花束状数量。摘心多适用于萌芽力和成枝力弱的品种。

二、李树丰产树形和修剪方法

李树是一个发枝多、生长旺、喜阳光、寿命长的树种，且大多数品种的萌芽力和发枝力都较强，树冠内外枝条比较稠密，又因为潜伏芽的寿命比较长，也容易萌发，所以自然更新能力比较强；同时，着生在枝条中部的短果枝和花束状果枝不但坐果率高，而且连续结果能力强，这是李树高产的主要原因。

如果让李树自然生长，则枝条横生交错争向上，会造成树冠郁闭，光照不良，结果部位外移，果枝易早衰，大小年结果严重，果实产量低、品质差，树寿命短。

整形修剪是解决上述问题的主要技术之一。整形的主要目的是形成坚固的骨架、合理的树体结构，以及一定的叶幕结构，使大枝分布合理，小枝多而不乱，充分利用树冠的有效空间。修剪可改善树体光照条件，提高果品质量，减少病虫害，从而达到幼树生长快、早结果，大树高产、稳产、优质、长寿的目的。

目前，生产上李树主要采取以下几种树形。

（一）自然开心形

主干上 3 个主枝，相距 10～15 厘米，邻近分布，以 120°平面夹角配制，按 35°～45°角开张，每个主枝留 2～3 个侧枝，在主枝两侧呈外侧斜向发展。无中心主干，干高 50 厘米左右。

苗木定植后，距地面 70～80 厘米处定干，从剪口下长出的新梢中选择分布均匀、长势平衡、生长健壮、基部角度合适的，留 3～4 个枝条作为主枝，其余枝条进行摘心或疏除短截，不留中心领导枝。第一年冬季，主枝剪留 60 厘米左右，除选留的主枝之外，竞争枝一律疏剪，其余的枝条依空间大小作适当的轻剪或不剪，促进提早形成花芽。第二年冬季按上述方法继续培养主枝延长枝，并在各主枝的外侧选留 1 根第一侧枝，进行中度短截，各主枝上萌发的短果枝、花束状枝应该保留。各主枝上的侧枝分布要均匀，侧枝的角度要比主枝的大，保持主、侧枝的从属关系。按此方法，每个主枝上选留 2～3 个侧枝，有 4 个主枝即可基本完成树形。这种树形的优点为树冠开张、光照充足、生长旺盛、结果面积大，适用于生长势中等、枝条角度比较开张、枝条柔软的品种，缺点为立体结果性能欠佳。

（二）双层疏散开心形

干高 50～60 厘米，有中心主干，第一层主枝 3 个，层内间距 15～20 厘米，第二层 2 个主枝，距第一层主枝 60～80 厘米。以上各枝开心，错落配置，每层主枝上配置 2 个侧枝。

苗木定植后，于 60～70 厘米处定干，从剪口长出的新梢中，选上部一根健壮的直枝枝条作为主干延长枝，再从下部枝条中选出 3 根长势较强、分布较均匀的 3 个枝条作为第一层主枝，对其余的枝条进行摘心或疏除短截，控制其生长。冬季修剪时第一层主枝剪留 50 厘米左右。主干延长枝剪留 80 厘米左右，第二年在主干延长枝的剪口下选留 2～3 个枝条作为第二层主枝开心，并与第一层主枝相互错开不重叠。在主干上不再培养结果枝组，只保留叶丛枝或花束状结果枝。在修剪留枝过程中要严格掌握"上小下大、两稀两密"的原则。即全树上层小、下层大，每个主枝前端小、后边大，全树的留枝量上层稀、下层密，大枝稀、小枝密。要控制背上枝，不能形成树上树，以免影响各级主、侧枝生长和光照。背上枝一般控制在 5～10 厘米，枝组也取开心形，向两侧斜生伸长。这样，就不会产生上强下弱、结果部位外移等现象。

双层自然开心形要达到合理占领空间，枝枝见光，主、侧枝和大、中、小枝组布局适宜，则必须加强夏季管理，如摘心、疏枝、拉枝开角等。

这种树形适于树姿较直立的品种，不过这种树形培养起来较费工，但很适合密植果园。

（三）主干疏层形

干高 50 厘米左右，有中心领导枝，全树配置 6～7 个主枝，分三层着生在主干上，层间距 50～60 厘米，主枝上下错落排列，每个主枝上选留 1～2 个分开的背斜侧枝。对干性明显、层性强的品种可采取这种树形。定植后，于 60～70 厘米定干，上部选一根健壮直立枝条作为主干延长枝，从下部枝条中选出 3 根长势较强、分布均匀的枝条作为第一层的三大主枝，留作主枝的枝条要让其充分生长，对其余的枝条进行摘心或疏除短截，控制其生长。冬季修剪时，三大主枝剪留 50 厘米左右，主干延长枝剪留 70 厘米。第二年冬季从主干延长枝的剪口下长出的一些枝条中，选留 2 根枝条作为第二层主枝，还选出一根上部健壮枝条继续作为主干延长枝。第二层主枝要求与第一层主枝方位相互错开不重叠。第三年冬季修剪时，对第一层主枝延长枝还是剪留 50 厘米左右，第二层主枝剪留 50～60 厘米。其余的枝条，应控制其生长。照此方法，第三层和第四层各再留一个主枝，最后使树体呈圆锥形。在整形修剪过程中随时注意开张主枝角度，并保持整个树体上部弱些，下部强些。通风透光良好，更利于树体生长和结果。

三、不同龄期树的修剪

（一）幼 树 期

幼树修剪以整形为主，幼龄李树生长迅速，枝条直立并可发生二三次枝，应轻剪各级延长枝，充分利用二三次枝培养主、侧枝，使各级枝条尽快成形，扩大树冠。李以短果枝和花束状果枝结果为主，宜轻剪长放或缓放骨干枝，以缓和其生长势，促其萌发短枝，再根据花芽数量和结果的需要短截修剪，这样可以边整形，边达到早结果、早丰产目的。对竞争枝、过密枝进行疏除。此期还应重视修剪，通过对强旺新梢摘心或短截剪梢控制树势，拉枝开张树冠，这样既可促进幼树尽早成形，同时又减少了冬季修剪量，缩短了整形年限。

（二）盛 果 期

李树进入盛果期后，因结果量逐年增加，枝条生长量逐渐减少，树势已趋于稳定，修剪的目的是平衡树势，复壮枝组，延长结果年限。修剪要以疏剪为主、短截为辅。对过密枝、直立向上枝、重叠枝、交叉枝进行适当回缩或短截，没有更新价值的徒长枝从基部剪除。对树冠外围和上层的强壮枝，疏密留稀、去旺留壮，对延长枝中度短截，继续扩大树冠和维持树势。

对结果枝组的修剪，应疏弱留壮、去老留新，并分批回缩复壮。花束状果枝受到刺激后也能抽出壮枝，所以将多年生枝回缩，一般能得到良好的效果。

（三）衰 老 期

盛果期后，树体开始出现局部衰老现象，结果部位大量外移，主、侧枝下部光秃，短果枝开始枯死，产量下降，隔年结果严重。这段时期的主要修剪任务是集中养分，恢复树势，使产量回升。此时要及时缩剪一部分2～3年生枝，同时将主枝和侧枝回缩更新，并加强肥水管理和病虫害防治，这样衰老树才会得以复壮。

在国外，核果类果树一般在盛果期后10年就挖掉，重新栽植幼树，因为核果类果树在盛果期末丰产性差，病虫害多，保留老树在经济上不划算。

四、密植园树形及修剪方法

随着生产的发展，果树整形修剪也处于不断革新状态。近几年来，我国各地不断重视李子生产和科研工作，在栽培技术上不断探索栽植密度和理想的树形，以期获得丰产、稳产。下面介绍李树密植园两种树形，供广大果农参考。

（一）"Y"形

"Y"形适于宽行密植，株行距一般为1.5米×4米。主干高40厘米左右，无中央干，在主干上分生两个较大主枝，斜向行间，呈45°角。小枝直线或小弯曲延伸，其基部外斜侧或背后，可留1～2个侧枝，中上部则配置各类枝组，丰满紧凑。成行后，树高约3米，冠厚一般不超过2.5米，树冠向行间伸展较长，宽度一般为3米。栽后4～5年成形，通风透光好，果实品质佳，也便于作业。

（二）纺 锤 形

纺锤形主干高60～80厘米，全树有骨干枝8～12个，上下骨干枝错位排列，同方向枝间距30～40厘米，骨干枝开张角度80°～90°，骨干枝直接着生结果枝组。山东省莱西市大里村园艺场栽培的密思李，采用纺锤形修剪，第五年每667米^{2}产量达2867.1千克，高于自然开心形和疏散分层形。

五、放任树的修剪

在我国农村，有相当部分李树不整形、不修剪，任其自然生长。这类树通常是骨干枝多，树形紊乱，大枝拥挤，小枝枯死，基部光秃，通风透光不好，结果部位外移严重，层次不清，主从不明，产量低而不稳，大小年结果现象严重。

改造方法：参照李树开心形、双层开心形、主干疏层形树形，对放任树加以改造，清理过多的主、侧枝，即疏除过密、交叉、重叠的大枝，使其通风透光良好，在疏除内膛枝和外围枝组时，要先疏除枯死枝、弱枝、病虫枝和影响通风透光的外围枝。同时，对部分结果枝进行回缩，对树膛内发出的徒长枝和新梢加以保护利用，以培养成中、小结果枝组，尽快恢复产量。

对放任生长的树体整形，在疏除大枝时，要分年、分次地进行，避免一年内造成伤口过多，影响树势。

第七章

花果管理

花果管理是李丰产优质栽培的又一重要环节。其主要内容包括提高花芽质量、提高坐果率、疏花疏果和套袋等。花果管理的主要作用是促进坐果，增大果个，增加产量，改善和提高果实，提高经济效益。

一、提高花芽质量

（一）花芽质量对果实质量的影响

花芽质量对果实质量的影响很大，优质花芽是生产优质果品的基础。质量好的花芽芽体饱满，开花后花期整齐、花朵大、坐果率高、所结果实大且果形好。近几年来，花芽品质不良已严重影响了李产量和品质，特别是密植果园中较为常见。劣质花芽对果实质量和产量的影响表现在以下几方面：①授粉受精不良，坐果率低。劣质花芽的器官发育不完善，直接影响授粉受精。近几年，不少果园不论是自然授粉还是人工授粉，坐果率均比较低，就是由花芽质量差造成的。②劣质花芽芽体小，开花后花朵小。③花期不整齐，晚茬花偏多。④坐果后果实偏少，果形扁，商品果率低。因此，生产上要想办法提高花芽质量。

（二）影响花芽质量的原因

影响花芽质量的因素是多方面的。但从根本上说，花芽分化及花芽形成过程中的营养水平是最主要因素。生产中，造成花芽质量不高的原因主要有以下几个方面。

1. 土壤肥水条件差，营养积累水平低　目前很多果园有机肥缺乏，连年单一施用化肥，随化肥施用量增加，土壤肥力出现逐年衰减的现象，土壤理化性状变差，孔隙度降低，树体生长虚旺，叶片小而薄，叶色浅，因而影响了有机营养的积累，造成花芽质量变差。

2. 树体营养生长失调，中、短枝停长晚，后期生长偏旺　花芽形成的早晚与花芽质量有密切关系。中、短枝停长早，花芽质量好；长枝停长晚，花芽质量差。中、短枝营养生长过旺，停长晚，就会影响花芽的质量。后期营养生长偏旺，会消耗养分，不利于花芽的发育。

3. 留果量过大，花芽形成与果实生长间养分竞争的矛盾突出　留果量过大，会消耗过多的养分，不仅影响花芽形成的数量，也会使花芽质量下降。

4. 果园枝叶郁闭，树体光照条件差　树体受光条件的好坏对花芽质量起决定作用。花芽分化和发育本身就需要比较强的光照。同时，光照条件直接影响叶片的营养积累。实践证明，光照不良的短枝是不可能形成优质花芽的。

5. 叶片早期脱落，树体储藏营养水平低　花芽形成后，在秋、冬、春季存在着进一步发育的过程。李花芽后期的发育状况，特别是花性器官发育程度取决于树体的储藏营养状况。由病虫危害或其他管理不善造成叶片早落，那么也会降低树体的储藏营养水平，进而影响花芽质量。

（三）提高花芽质量的关键技术

由于导致劣质花芽形成的主要原因是树体营养水平低，因此提高花芽质量也应围绕提高树体营养水平，保证树体健壮生长。

1. 加强土壤管理，增施有机肥

（1）**土壤管理**　土壤的理化性状特别是土壤通气性对根系的生长和吸收功能影响很大。通过土壤深翻扩穴，改善土壤的理化性状，可使根系处于良好的土壤环境中，发挥最大限度的吸收功能，使树体健壮，叶片功能变强，进而提高花芽质量。

（2）**增施有机肥，合理使用化肥**　有机肥中含有种类比较完全的养分和大量有机质，不仅可较长时间供给果树对各种养分的需要，而且能改良土壤，增强地力。土壤有机质是改善果园土壤环境的最佳肥料。从成花质量方面看，给果树增施有机肥比单纯施用化肥要好得多，应根据李树不同物候期施用不同化肥种类。生长前期（萌芽前和幼果期）应多施氮肥，以促进萌芽和新梢生长，增加叶面积；在花芽分化临界期（6～7月份），除极弱树外一般不需要过量施氮肥，而是补充磷、钾肥；后期要严格控制氮肥用量，防止树体后期旺长，影响花芽分化和发育。

（3）**合理的水分管理**　土壤中水分的变化会影响花芽的分化和发育。生长前期充分的水分可保证新梢的生长和叶面积的扩大，而花芽分化期以后，过多的水分以及水分的剧烈变化会严重影响优质花芽的形成。生产中，有灌溉条件的果园应严格控制后期灌水。旱地果园应用穴贮肥水、地面覆盖和节水灌溉等栽培措施，稳定土壤水分平衡，以形成优质花芽。

2. 保持树体生长的动态平衡，防止后期生长偏旺　通过合理的肥水管理和修剪措施，使树体前期生长旺盛，并及时向花芽分化转化。对后期生长偏旺的树应严格控制肥水，生长期采用修剪措施进行控制。必要时，可在秋季对不停长的旺树旺枝喷施15%多效唑可湿性粉剂200倍液，控制新梢生长。

3. 严格疏花疏果，合理留果　严格疏花疏果，保持合理的留果量，可减少树体养分的消耗，调节生长与结果的关系，保证优质花芽的形成。

4. 秋季补氮和叶面喷肥　花芽形成后进一步的发育是依靠树体的贮藏养分进行的。花芽的进一步发育主要是发育性器官，而性器官的发育需要充足的氨基酸。氨基酸是李氮素储藏营养的主要成分。秋季补充氮肥可满足花芽的性器官发育所需要的氨基酸。同时，叶片在秋季容易衰老，特别是采收后，叶片功能会突然下降。试验证明，秋季补氮肥可防止叶片衰老，延长叶片光合时间，提高叶片光合能力，增强根系吸收功能，对提高花芽质量十分有益。秋季补氮可以土施，不宜过多，每 667 米^2 结果园施 12～15 千克尿素，也可叶面喷施 0.5% 尿素。同时，生长后期还应喷布 0.4%～0.5% 磷酸二氢钾和氨基酸复合微肥 300 倍液，保持营养元素的平衡，有利于花芽的发育。

5. 改善树体光照条件　若生产中栽植密度过大，整形修剪不当，则会致使树体过高，冠幅过宽，全园树冠交接封行，通风不好，进而郁闭。郁闭园内膛枝条细弱，花芽质量很差，造成果实产量低，果个小、色泽差、味道淡。对这种果园应采用"以侧代主，更新换头，疏枝缓势"的措施进行改造。在花芽分化关键时期，应当及时进行夏季修剪，调整枝叶分布，清除郁闭枝叶，使保留的叶片光照良好。

6. 加强植保工作，防止早期落叶　生长季节应根据病虫害发生情况，及时喷花保护，防止早期落叶。

二、提高坐果率

（一）防止花期和幼果期霜冻

李树花期早，在花期和幼果期易受晚霜危害。根据天气预报，可采用树上喷水、果园灌水和熏烟等方法预防花期和幼果期霜冻。发芽前对果树喷水，可使树体温度保持在 0℃～1℃，推迟花期，从而避免晚霜危害，这是防止霜冻的有效措施。发芽前果园灌水，可以稳定果园温度，减轻霜冻危害。在霜冻将要出现前，用烟雾剂或人工造雾，可获得良好的防霜效果。烟雾剂可用 3 份硝酸铵、7 份研碎的锯末混合制成，将其装在铁筒内点燃，并根据当时的风向，携带铁筒来回走动放烟。每 667 米^2 约需烟雾剂 2.5 千克，烟雾能维持 1 小时左右。

（二）花期放蜂

花期放蜂主要是放壁蜂和蜜蜂，利用它们在采粉时传播花粉。用壁蜂或蜜蜂传粉可提高坐果率 20% 左右，增产效果明显。

壁蜂是多种落叶果树的优良传粉昆虫，用壁蜂传粉已成为日本等发达国家果树优质、高产、高效的主要措施之一。生产上主要以角额壁蜂和凹唇壁蜂为主，其授粉的能力是蜜蜂的 80 倍。壁蜂在开花前 5～10 天释放，将蜂茧放在李园提前准备好的简易蜂巢（箱）里，每 667 米^2 李园放蜂 80～100 头，放蜂箱 15～20 个，蜂箱离地面约 45 厘米，箱口朝南（或东南），箱前 50 厘米处控一小沟或坑，备少量水，存放在穴内，作为壁蜂的采土场。一般在放蜂后 5 天左右为出蜂高峰，此时正值李始花期，壁蜂出巢活动访花时期，也正是李授粉的最佳时刻。

利用蜜蜂传粉时，每 667 米^2 面积有 300～400 头蜜蜂就足以传粉。如果 1 箱蜂有 1 500～2 000 头，3 000 米^2 设 1 箱蜂就足够了。蜜蜂活动较易受气候的影响，气温在 14℃ 以下时几乎不能活动，在 21℃ 活动最好；有风时则活动不好，风速在每秒钟 11.2 米时停止活动，降雨也会影响蜜蜂活动。

（三）人工授粉

人工授粉是解决花期天气不良，授粉树不足或搭配不当，提高坐果率和品质的有效措施。

1. 采集花粉 选择适宜授粉品种，当花朵含苞待放或初开时，从健壮树上采摘花朵，带回室内去掉花瓣，拔下花药，筛去花丝，或两花相对互相摩擦，让花药全部落于纸上。把花药薄薄地摊在油光纸上，放在干燥通风的室内阴干，室内温度保持在20℃～25℃，温度不够生火增温，空气相对湿度保持在50%～70%。随时翻动花粉，加速散粉，1～2天后花药裂开散出花粉，过箩后即可使用。如果不能马上应用，最好装入广口瓶内，放在低温干燥处暂存。

2. 授粉方法 常用的有人工点授和液体授粉。人工点粉更节约花粉，在授粉缺乏、幼树开花少、花期阴雨或大风的情况下，授粉结果更可靠，但费时费工。人工点粉过程中，为了经济利用花粉，授粉前可用2～3倍滑石粉和淀粉作填充物，与花粉充分混合后装入小瓶，用毛笔和软橡皮蘸粉点授于盛开花的柱头上，蘸1次授7～10朵花。液体授粉节省劳力，节约时间，适于大面积生产，但浪费花粉。其方法是将花粉配成一定的粉液，喷洒在花朵上。粉液配制：10升水，0.5千克白糖，30克尿素，10克硼砂，10～25克花粉。先将糖和水搅拌均匀，加入尿素配成糖尿液，然后加入花粉和硼粉，在全树花朵开放60%以上时喷洒效果最好，并且随配随用，1小时内喷完。

另外，也可用鸡毛软绒绑成绒球，再将其绑在1～2米长的竹竿前端，用其蘸花粉点授，可提高工效8～10倍。蘸1次可点授50多个花柱，每人1天可点授大树150多株。

李花粉的生活力较低，其耐贮性远远低于苹果和梨等果树，贮藏时应注意温度和湿度的控制。若花粉仅需贮1月左右，可将其置于0℃～5℃条件下，湿度不加以控制也可。1℃～2℃低温干燥条件下，李花粉可贮藏3～4个月。

（四）喷施激素和营养元素

为提高李的坐果率，可对李喷施激素和营养元素。在李盛花期喷布30毫克/千克赤霉素稀土溶液，或喷30毫克/千克赤霉素＋0.3%硼酸溶液，或喷0.3%硼酸＋0.3%尿素溶液。

（五）花期环剥

花期对李树主干进行环剥，环剥宽度为主干直径的 1/10，其坐果率可显著提高。

（六）施用植物生长调节剂

在李树新梢旺长期，叶面喷施多效唑 400 倍液，或在秋季每平方米土施多效唑 0.5 克，比不处理的对照果树，坐果率显著提高，果实也较对照的明显增大；或在 6～7 月份和 9 月初各喷施 1 次 PBO 150～200 倍液。

三、疏花疏果

为了获得好的产量和优良的果实品质，就必须进行疏果，这是因为李花量很大，几乎是需要量的 5～10 倍。李果实的生长需要叶片供给营养，叶片的数量依枝条长短而不同。花后 1 个月内树体消耗养分，若果实太多，储藏营养消耗多，则新梢生长受阻，进而叶片也减少，制造的养分相应变少，不利于以后果实的生长。因此，若疏去多余果实，就会增加叶片数量，叶片增多反过来又会促进果实生长。

（一）疏花疏果的时期

疏花是在开花前或开花期进行。疏果的时间与李品种当年花期气候好坏有关。坐果高的品种要早疏，坐果低的品种可以适当晚疏；对于树龄来说，成年树要早疏，幼树可以适当晚疏；对有大小年结果现象的果园，大年早疏、小年晚疏。疏果一般在花后 20 天，待果实如黄豆粒大时进行，一次疏到位。对易受冻害的品种、缺少花粉的品种和处在易受晚霜、风沙、阴雨等不良气候影响地区的李树，不进行疏花，疏果的时间是在第二期落果后，

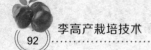

能辨出大小果时进行。

（二）疏花疏果的方法

疏花是疏除晚开花、畸形花、朝天花和无枝叶的花。要求留枝条上、中部的花，疏花量一般为总花量的1/3。疏果要先疏去双果、小果和果形不正的果。留果时，果枝所处的部位不同，留果量也不一样。树体上部的结果枝要适当多留果，下部的结果枝要少留果，以果控制旺长，达到均衡树势的目的。树势强的树多留果，树势弱的树少留果。疏果标准应根据果枝和果大小而定，一般花束状果枝留1个果。短果枝，小果型品种留1～2个果，中果和大果型品种留1个果。中、长果枝，小果型品种间隔4～5厘米留1个果，中果型品种间隔6～8厘米留1个果，大果型品种间隔8～10厘米留1个果。

四、果实套袋

（一）套袋的优点

1. 提高果品质量　套袋可以改善果面色泽，使果面干净、鲜艳，提高果品外观质量。

2. 减轻病虫危害及果实农药残留　果实套袋可有效地防止食心虫、椿象、炭疽病、褐腐病的危害，提高好果率，减少生产损失。同时，套袋给果实创造了良好的小气候，避开了与农药的直接接触，果实中的农药残留也明显减少。套袋已成为生产无公害果品的主要手段。

3. 防止裂果　一些晚熟品种由于果实发育期长，果实长期受不良气候因索、病虫害、药物的刺激和环境影响，表面老化，在果实进入第三生长期时，果皮难于承受内部生长的压力，易于发生裂果。但若进行套袋，则可以有效地防止裂果。

4. 减轻和防止自然灾害　近几年自然灾害发生频繁，如夏季高温、冰雹等在各地时有发生，给李树生产带来了很大损失。试验证明，对果实进行套袋，可有效地防止日灼，并可减轻冰雹危害。

据黄鹏和董玉山（2003）在河南对黑宝石李进行套袋试验发现，套袋明显改善了黑宝石李的外观品质，显著降低了病虫果率，使商品果率和经济效益明显增加，但可溶性固形物、维生素 C 含量和果实硬度略有下降。

（二）果袋种类的选择

套袋用纸不宜用旧报纸，因为报纸有油墨，即铅污染，果实外观往往受到影响，所以要采用专用纸袋。近几年我国青岛、烟台、石家庄等地推出了不同类型的专用袋，使用效果较好。

（三）适宜套袋的品种

有裂果的品种和晚熟品种必须套袋。

（四）套袋的方法

1. 套袋时间　套袋在疏果定果后进行，时间应掌握在主要蛀果害虫入果之前。套袋前喷 1 次杀虫杀菌剂。黑宝石李适宜的套袋时间是在第二次生理落果基本结束时进行。

2. 套袋操作　将袋口连着枝条用麻皮和铅丝紧紧缚上，专用袋在制作时已将铅丝嵌入袋口处。无论绳扎或铅丝扎袋口均需扎在结果枝上，扎在果柄处易使果实压伤或落果。

3. 摘袋时间　因品种和地区不同而异。鲜食品种采收前摘袋有利于着色，一般采前 5～7 天摘袋。不易着色的品种，摘袋时间在采前 7～10 天摘袋效果最好。摘袋宜在阴天或傍晚时进行，使李果免受阳光突然照射而发生日灼，也可在摘袋前数日先把纸袋底部撕开，使果实先受散射光之后再逐渐将袋体摘掉。

（五）套袋后及摘袋后管理

一般套袋果的可溶性固形物含量比不套袋果有所降低，在栽培管理上应加强提高果实可溶性固形物的措施，如增施磷、钾肥等。为使果实着色好，摘袋前要疏除背上枝、内膛徒长枝，以增加光照强度。

第八章

病虫害防治

一、无公害防治措施

（一）植物检疫

植物检疫是贯彻"预防为主、综合防治"的重要措施之一。凡是从外地引进或调出的苗木、种子、接穗等都应进行严格检疫，防止危险性病虫害的扩散。

（二）农业防治

农业防治是综合治理的基础，可以通过一系列的栽培管理技术，或人工方法，或改变有利病虫害发生的环境条件，或直接消灭病虫害。这些都对控制病虫害有着重要的作用，能取得化学农药所不及的效果。

1. 刨树盘　是李树管理的一项常用措施，该措施既可起到疏松土壤、促进李树根系生长的作用，也可将地表的枯枝落叶翻于地下，把在土中越冬的害虫翻于地表。

2. 重视管理　加强地下管理，合理负载，保持健壮的树势，提高树体抗病能力。改大水漫灌为畦灌，注意雨季排水，防止因漫灌传播病害。合理进行四季修剪，调节好光照，防止树冠郁闭，否则会加大树冠内膛湿度，易于病菌的侵染。多施有机肥，壮树壮根，改良土壤结构，增加树体储藏营养水平。少造成树体伤口，同时注意伤口保护。

3. 清扫枯枝落叶　通常在落叶后进行，可消灭在叶片中越冬的病虫；结合冬季修剪，可消灭在枝干上越冬的病虫，如桑白蚧、炭疽病和细菌性穿孔病。

4. 刮除树皮　据调查，很多害虫的天敌是在树干翘皮内越冬的，如山楂红蜘蛛的天敌小花蝽在树干翘皮内的越冬量占全树越冬量的 53% 以上，食螨瓢虫等在主干翘皮内越冬的达总越冬量的 85% 以上。天敌越冬后开始活动的时间一般早于害虫。因此，为了在消灭害虫的同时保护天敌，刮皮时期应掌握在天敌已爬出而害虫尚未出蛰时进行。除了主干以外，还应包括主枝，因为有些害虫如山楂红蜘蛛在主干以上分枝翘皮内越冬的数量比主干上多。因此，合理部位应是主干和主枝中部以下的粗翘皮，而且重点是主枝。在要刮的树下铺盖塑料布或报纸，以便收集粗翘皮。

5. 及时剪除危害部位　发现新梢萎蔫时及时将其剪除。对局部发生的桃瘤蚜危害梢及黑蝉产卵枯死梢也应及时剪除并烧掉。

6. 增加果园植被，改善果园生态环境　果园种植白三叶草、紫花苜蓿以后，天敌出现的高峰期明显提前，而且数量增多。种植药用植物藿香蓟，可大量栖息繁殖各类害螨的天敌——捕食螨。在树行间栽种大葱、马铃薯等驱虫作物，可利用其特殊气味驱除红蜘蛛。

7. 树干绑缚草绳　引用此法可诱杀多种害虫，不少害虫喜在主干翘皮、草丛、落叶中越冬，利用这一习性，于果实采收后在主干分枝以下绑缚 3～5 圈松散的草绳，可诱集到大量山楂红蜘蛛雌成虫等。草绳可用稻草、谷草、棉秆皮拧成，但必须松散，以利于害虫潜入。

8. 选择无病虫苗木　将有病虫的苗木去除并烧毁，尤其是有根癌病的苗木。

9. 人工捕虫 许多害虫有群集和假死的习性。如多种金龟子有假死性和群集危害特点,茶翅蝽有群集越冬的习性,红颈天牛成虫有在枝干静息的习性,可以利用害虫的这些习性进行人工捕捉。

（三）物理防治

物理防治是根据害虫的习性所采取的机械方法防治害虫。

1. 黑光灯诱杀 常用 20 瓦或 40 瓦的黑光灯管作光源,在灯管下接一个水盆或一个大广口瓶,瓶中放些毒药,以杀死掉进的害虫。此法可诱杀许多害虫。

2. 糖醋液诱杀 许多成虫对糖醋液有趋性,因此可利用该习性进行诱杀,如食心虫、卷叶蛾、桃蛀螟、红颈天牛等。将糖醋液盛在水碗或水罐内即制成诱捕器,将其挂在树上,每天或隔天清除死虫,并补足糖醋液即可。

3. 性外激素诱杀 昆虫性外激素是由雌成虫分泌的用以招引雄成虫前来交配的一类化学物质。在果园内悬挂一定数量的害虫性外激素诱捕器诱芯作为性外激素散发器,这种散发器不断地将昆虫的性外激素释放到田间,使雄成虫寻找雌成虫的联络信息发生混乱,从而失去交配机会,进而减少虫口数量。

4. 水喷法防治 在休眠期(11 月中旬)用压力喷水泵喷枝干,喷到流水程度,可以消灭在枝干上越冬的蚧壳虫。

（四）生物防治

利用自然天敌控制害虫危害。害虫天敌主要有红点唇瓢虫、黑缘红瓢虫、七星瓢虫、异色瓢虫、龟纹瓢虫、中华草蛉、大草蛉、丽草蛉、小花蝽、塔六点蓟马、捕食螨、蜘蛛和各种寄生蜂、寄生蝇等。这些天敌在喷药较少的果园控制害虫的效果非常显著。保护天敌最有效的措施是减少农药尤其是剧毒农药的喷施。

（五）化学防治

尽管化学防治的副作用人人知晓，但它仍是目前果园的主要防治方法。对于农药产生的副作用，可以通过改变施药部位、施药方式、施药时期和药剂种类来解决。

1. 交替用　防治病虫不要长期单一地使用同一种农药，应尽量选用作用机制不同的几个农药品种，如杀虫剂中的拟除虫菊酯、氨基甲酸酯、昆虫生长调节剂以及生物农药等几大类农药交替使用，也可在同一类农药中不同品种间交替使用。杀菌剂中内吸收、非内吸收和农用抗生素交替使用，也可明显延缓病虫抗药性的产生。

2. 混用农药　将两三种不同作用方式和机理的农药混用，可延缓病虫抗药性的产生和发展速度。农药能否混用，必须符合下列原则：一是要有明显的增效作用；二是对植物不发生药害，对人、畜的毒性不能超过单剂；三是能扩大防治对象；四是降低成本。混配农药也不能长期使用，否则同样会产生抗药性。

3. 重视发芽期的化学防治　萌芽期，在树体上越冬的大部分害虫已经出蛰，并上芽危害。此时喷药有以下优点：①大部分害虫都暴露在外面，又无叶片遮挡，容易接触药剂。②经过冬眠的害虫体内的大部分营养已被消耗，虫体对药剂的抵抗力明显降低，触药后易中毒死亡。③天敌数量较少，喷药不影响其种群繁殖。④省药、省工。

4. 生长前期少用或不用化学农药　李生长前期（6月份以前）是害虫发生初期，也是天敌数量增殖期。在这个时期喷施广谱性杀虫剂，既消灭了害虫，也消灭了天敌，从而导致天敌种群在李树生长期难以恢复。

5. 推广使用生物杀虫剂和特异性杀虫剂　目前，我国在果村害虫防治上用得较多的生物杀虫剂主要有阿维菌素、华光霉素、浏阳霉素、苏云金杆菌（Bt）和白僵菌等。

6. 选择使用低毒化学农药 生产无公害果品，允许使用低毒化学农药，但对施药方法和次数都有明确规定，一般只限于叶面喷雾，每种药剂每年只允许用1次，其最终在果品中的残留量不得超过规定标准。这类药剂包括防治蚜虫的吡虫啉，防治害螨的哒螨灵、四螨嗪、快螨特、噻螨酮，防治食叶和蛀果害虫的杀螟硫磷、辛硫磷、氯氰菊酯、氰戊菊酯等。

二、主要病害及其防治

（一）流 胶 病

1. 病症 这是一种既有真菌侵染又有细菌感染的病害，虫害、日灼和机械伤口等都能产生流胶病。流胶病主要发生在主干和主枝上，小枝和果实上偶有发生。被害枝干树皮干裂、流胶、坏死；被害果畸形变硬、变青，伴有裂缝，果面布满胶粒，不能食用。流胶病轻者减弱树势，重者枯枝死树。

2. 防治方法 流胶病的防治首先应加强树的综合管理，增强树势，注意园内排水。树干要涂白，杜绝伤口，防止天牛、小蠹虫等柱干害虫。早春喷布5波美度石硫合剂。用生石灰10份＋石硫合剂1份＋食盐2份＋花生油0.3份＋适量水，混合后搅成糊状，在大病斑刮除后用其涂抹伤口，涂抹后随即包扎，可防止病斑扩大。

（二）细菌性穿孔病

1. 病症 主要危害枝、叶，使叶片穿孔，小枝溃疡，常造成早期落叶，大树和苗木上均有发生。病菌借风雨而传播，由皮孔或气孔侵入。高温多雨季节是发病盛期。

2. 防治方法 细菌性穿孔病发生时，应及时剪除病枝，清扫病叶，集中烧毁，可杜绝病源。早春喷5波美度石硫合剂，

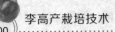

展叶后喷硫酸锌石灰液，或 65% 的福美锌、代森锌可湿性粉剂 300～500 倍液均有防治效果。落叶后立即喷 5 波美度石硫合剂，可减少病菌从叶痕处侵入。

（三）根 腐 病

1. 病症　主要危害幼树和苗木。病李先是根部溃疡、韧皮部变褐、木质部坏死，继而地上部叶片萎蔫、枝条下垂，叶片枯黄、脱落，甚至死树。高温季节发病迅速，常有猝死现象。

2. 防治方法　首先从严格检疫入手，不从病区购苗，不在核果类树基地育苗或重栽李，烧毁带病苗木，可以控制蔓延。对已经发病的李树可向根部灌注硫酸铜 200 倍液，或灌注 45% 代森铵水剂 200 倍液，均有良好的防治效果。

（四）李红点病

1. 病症　主要危害叶片，果实也受害。染病叶片初期，叶面产生橙黄色近圆形斑点。病部叶肉加厚，叶片卷曲，发病严重时，引起早期落叶。受害果实常畸形，不堪食用，易脱落。

2. 防治方法　①在李盛花末期及叶芽展叶时喷布 1∶2∶200 波尔多液。②加强果园的管理。由于此病不发生再侵染，所以彻底清除果园病果、病叶，并集中烧毁是很有效的防治方法。

（五）李黑斑病

1. 病症　是李重要病害之一。除危害果实外，还危害叶片及小枝。感病的果实，其果面初期发生水渍状褐色小斑，近成熟期时病果产生裂纹。受害叶片的病斑周围有一淡黄色的晕圈，严重时易造成叶片穿孔或脱落，树势衰弱。受害新梢上有暗绿色水渍状病斑，病斑环枝一周，造成枝梢枯死。

2. 防治方法　①冬剪时剪除病枝，5～7 月份彻底清除果园病果、病叶，并集中烧毁。②早春萌芽前喷 1 次 5 波美度石硫合剂，展叶后喷布 1∶2∶200 波尔多液。

（六）李囊果病

1. 病症 又名李袋果病，主要发生在气候较冷的东北和西南高原地区。病果畸变，中空如囊。该病从落花后即显病状，果实呈圆形或袋状，渐变狭长略弯曲。病果无核。5～6 月份病果、病叶和病梢表面着生白色粉状物，即病原菌的裸生子囊层。

2. 防治方法 ①发芽前喷 1 次 5 波美度石硫合剂。②剪除病果、病枝，并烧毁。

（七）褐 腐 病

1. 病症 主要危害花和果实，受害部位产生褐色斑点。果肉变褐软腐，表面生灰白色霉层。

2. 防治方法 早春萌芽前期喷 1 次 5 波美度石硫合剂，花后和果实近成熟时喷布 70% 甲基硫菌灵可湿性粉剂或 50% 多菌灵可湿性粉剂 1 000～1 500 倍液。

三、主要虫害及防治

（一）李小食心虫

又叫李小蠹蛾，简称李小。它是危害李果的主要害虫，分布于东北、华北、西北各果产区。果实被害率高达 80%～90%，往往造成李果歉收。

1. 危害症状 幼虫蛀食果实，蛀果前在果面上吐丝结网，幼虫于网下啃咬果皮再蛀入果实内，不久从蛀入孔流出果胶。被害果实发育不正常，果面逐渐变成紫红色，提前落果。受害严重的果园，幼果像豆粒般大小时即大量脱落；未落的果实也因果心被蛀而果内虫粪堆积成"豆沙馅"，不能食用。

2. 害虫识别

（1）**成虫** 体长 4.5～7 毫米，翅展 11.5～14 毫米。身体背面褐色，腹面铅灰色。前翅前缘约具 18 组不很明显的白色斜短纹，翅面密布白色小点。近顶角及外缘的白点排列成整齐的横纹。近外缘部分有 1 条隐约可见的略与外缘平行的月牙形铅灰色纹，沿此纹内侧有 6～7 个黑绒色短斑，后翅浅褐色。

（2）**卵** 圆形，扁平，稍隆起，初生白而透明，孵化前转黄白色。迎阳光侧视，卵面呈五彩光泽。

（3）**幼虫** 老熟幼虫体长 12 毫米左右，玫瑰红或桃红色。腹面颜色较淡，头和前胸背板黄褐色，上有 20 个深褐色小斑点。腹部末端具有浅黄色臀板，上有 20 个深褐色小斑点。腹部末端具有臀栉 5～7 齿。

（4）**蛹** 长 6～7 毫米，初为淡黄色，后变褐色，第三至第七腹节背面各有 4 排短刺。

（5）**茧** 长约 10 毫米，纺锤形，污白色。

3. 发生规律 以老熟幼虫越冬，每年发生 2 代，少数 1 年发生 3 代。越冬场所主要集中在李树干部周围。以树干为中心，半径为 1 米的 1～5 厘米深的表土中越冬幼虫最多。10 厘米深以下的土层没有越冬幼虫。还有少数在草根附近、石块下或树皮缝隙结茧越冬。第二年 4 月下旬，部分幼虫从越冬茧内爬出，在 1 厘米左右的表土层中再结新茧化蛹，5 月下旬羽化为成虫。大部分幼虫就在越冬茧内化蛹，5 月中旬羽化为成虫。羽化期为 5 月中旬至 6 月中旬。成虫发生延续期约 1 个月。成虫有趋光性和趋化性，昼伏夜出。黄昏时在李树周围交尾，羽化后 1～2 天即在幼果果面上产卵。

卵期 7 天左右，即孵化成幼虫，幼虫在果面上爬行几个小时后即蛀入果内。此时幼果果核尚未硬化，被害后极易脱落。随果落地的幼虫多数尚未完成幼虫期。对未落地的被蛀幼果，幼虫还可以转果危害。1 头幼虫常危害几个果实，直到幼虫老熟脱果。

第一代老熟幼虫在树干粗皮缝隙内或草根、石块下结茧化蛹，1周后（6月下旬）羽化为第一代成虫。卵产于果面，即孵化成第二代幼虫。此时果核已硬，幼虫蛀入后不再转果，20多天后老熟脱果，部分结茧越冬。7月下旬至8月上旬出现第二代成虫，仍产卵于果面，第三代幼虫多从果梗基部蛀入，被害果实脱落，幼虫随果落地后，再脱果结茧越冬；有时也随果实采收而被带到外地，再脱果结茧越冬。

4. 防治方法 ①4月下旬培土压茧，即在李树开花前，以树干为中心的60～70厘米的范围内，培10厘米厚的土层，并踩实压紧。这样可使羽化出来的成虫钻不出土层窒息而死。待羽化完成后结合松土除草将培土除去。②地面撒药。越冬幼虫羽化前或第一代幼虫脱果前，在树冠下地面撒药；50%辛硫磷乳油300～500倍液，每667米^{2}用药0.25～0.5升，毒杀成虫和幼虫。③树上喷药。成虫发生期，树上喷布50%杀螟硫磷乳油1 500倍液，或2.5%溴氰菊酯乳油3 000～4 000倍液，或20%氰戊菊酯乳油4 000～6 000倍液，对卵和初孵化幼虫均有效。

（二）桃蛀螟

又叫斑螟，俗称桃蛀心虫，南北各地产区均有分布，主要危害桃、李、杏，还危害多种农作物。

1. 危害症状 幼虫主要危害果实和种子。蛀食果实时，多先在果梗、果蒂基部吐丝，然后从果梗基部沿果核蛀入果心，咬食嫩核心和果肉。果实被蛀后，流出黏液，并有大量红褐色粒状粪便排出，往往使果实腐烂变质。

2. 害虫识别

（1）**成虫** 体长10毫米，翅展20～26毫米，全体橙黄色。胸、腹部及翅面上均有黑色斑点。胸部背面有明显的3个黑斑，前翅有23～26个黑斑，后翅有15个黑斑。

（2）**卵** 椭圆形，长约0.6毫米，表面有细微圆点，初时乳

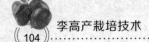

白色，近孵化时红褐色。

（3）幼虫　幼虫体长约22毫米，体色多变，有淡褐、浅灰、浅灰兰、暗红等色，腹面多为淡绿色。头暗褐，前胸盾片褐色，臀板灰褐，各体节毛片明显，为灰褐色至黑褐色，背面的毛片较大，第一至第八腹节气门以上各具6个，成2横列，前4后2。气门椭圆形，围气门片为黑褐色突起。腹足趾钩为不规则的3序环。

（4）蛹　长约13毫米，被蛹，褐色，翅长达第五腹节，第五至第七腹节背面前缘有深褐色突起线，线上着生小刺1列。

3. 发生规律　东北地区每年发生2代。老熟幼虫在树皮缝隙、树洞、田边、堆果场等地结茧越冬。5月份化蛹，5月下旬至6月上旬出现第一代成虫；7月下旬至8月上旬出现第二代成虫。第一代幼虫危害盛期在6月下旬；第二代幼虫危害盛期在8月上中旬，9月下旬幼虫陆续成熟，结茧越冬。

越冬代成虫多产卵在桃、李、杏的果实上；而第一代成虫则习惯在晚熟桃、李的果实及玉米雄花、向日葵花盘和棉铃上，尤其喜欢在两果实相接触的地方产卵。1头雌成虫可产卵数十粒，卵期6～8天。幼虫危害期间有转果的习性，约20天老熟。老熟幼虫于果内、果间或结果枝上结茧化蛹，蛹期10天左右。在雨量充沛、空气相对湿度80%以上时，化蛹和羽化率均高。

4. 防治方法　①早春刮老树皮，清除果园及周围的越冬寄主（玉米残株），消灭越冬幼虫。②根据成虫的趋光性和趋化性，可利用黑光灯或糖醋液诱杀待产卵的成虫。③在产卵盛期至幼虫孵化期，喷洒50%杀螟松硫磷油或50%辛硫磷乳油1 000倍液，也可喷2.5%溴氰菊酯乳油5 000～8 000倍液。④摘除虫果，捡拾落地果，并集中销毁，消灭果内幼虫。

（三）李 实 蜂

又叫李叶蜂。北方果产区都有分布。

1. 危害症状 幼虫蛀食花托、花萼和幼果，常将果肉、果核食空，将虫粪堆积在果内，造成大量落果。

2. 害虫识别

（1）**成虫** 体长4～6毫米，黑色，口器为褐色。触角丝状，9节，第一节黑色，2～9节雌蜂暗褐色，雄蜂深黄色。中胸背面有"义"字沟纹；翅透明，棕灰色。雌蜂翅前缘及翅脉为黑色，具锯状产卵器，前、中胸的足为暗棕色；雄蜂前、中足为污黄色。

（2）**卵** 长0.8毫米，椭圆形，乳白色。

（3）**幼虫** 体长约10毫米，黄白色，腹足7对。

（4）**蛹** 为裸蛹，长约6毫米，黄白色，羽化前变黑色。

3. 发生规律 李实蜂以老熟幼虫在土壤中结茧越夏、越冬，可长达10个月之久。李萌芽时化蛹，开花时成虫羽化出土。成虫习惯于白天飞于花间，取食花蕊，并产卵于花托和花萼表皮上，每处产卵1枚。

幼虫孵化后钻入花内危害，幼虫无转果习性，约30天老熟脱果，落地后入土，于7厘米深处结茧越夏并越冬。凡开花较早或较晚的李树，都可避开成虫产卵期，受害则轻。

4. 防治方法 ①在成虫羽化出土前，深翻树盘，将虫茧埋入深层，使成虫不能出土。②在成虫产卵前喷洒50%敌敌畏乳油或50%杀螟硫磷乳油1000倍液，毒杀成虫。③在幼虫入土前或翌年成虫羽化出土前，在李树树冠下撒2.5%敌百虫粉剂，每株结果树撒药0.25千克，幼树酌减，也可喷洒50%辛硫磷乳油500～1000倍液。

（四）李枯叶蛾

俗名贴树皮。分布面较广，主要危害李、桃、杏、梨、苹果等果树。

1. 危害症状 幼虫咬食嫩芽和叶片，常将叶片吃光，仅残留叶柄，严重影响树体生长发育。

2. 害虫识别

（1）**成虫** 雌蛾体长 45 毫米，翅展 90 毫米。雄蛾略小。全身茶褐色，头部中央有 1 条黑色纵纹，触角双栉形。前翅有 3 条深褐色，并带有蓝色荧光的波状横纹；后翅短宽，有 2 条波状横纹。前后翅外缘均呈锯齿状。

（2）**卵** 近圆形，长 1.5 毫米，绿褐色，有白色轮纹。

（3）**幼虫** 体长 100 毫米，略扁，暗灰褐色。胴部各节背面有 2 个红褐色斑纹，中后胸背面各有一明显的蓝黑横毛丛，第八腹节背面有一角状小突起，各体节生有毛瘤及较长的细毛。

（4）**蛹** 长约 53 毫米，暗褐色。

（5）**茧** 长椭圆形，丝质，暗灰褐色。

3. 发生规律 李枯叶蛾在北方 1 年发生 1 代。以幼龄幼虫贴伏在枝条上或皮缝内越冬。翌年寄主发芽后出蛰，咬食嫩芽和叶片。白天静伏，夜间危害果树。

幼虫老熟后，多于枝条下侧结茧化蛹。6 月下旬或 7 月上旬成虫羽化，成虫有趋光性，将卵产在枝条上。幼虫孵化后取食叶片，达二至三龄时，即静止不动，进入越冬态。幼虫体色与树皮颜色相似，不易被发现。

4. 防治方法 ①结合修剪或果园管理，捕杀越冬幼虫。②幼虫食量大，尤其后期危害严重，应在三龄之前喷药消灭。常用药剂有 50% 敌敌畏乳油或 50% 杀螟硫磷乳油 1000 倍液，也可喷 50% 辛硫磷乳油 1000 倍液，或 90% 敌百虫晶体 1500 倍液。③有条件的地区可于幼虫危害期喷布青虫菌或杀螟杆菌。

（五）蚜 虫

又叫"混虫子"。危害李、桃、杏、樱桃及烟草、萝卜、白菜等，发生很普遍，是李树的主要害虫之一。

1. 危害症状 蚜虫为刺吸式口器的害虫，常群集于叶片、嫩茎、花蕾、顶芽等部位，刺吸汁液，使叶片皱缩、卷曲、畸形，严重时会引起枝叶枯萎甚至整株死亡。蚜虫分泌的蜜露还会诱发煤污病、病毒病并招来蚂蚁危害等。

2. 害虫识别

（1）**成虫** 无翅胎生雌蚜体长约 2 毫米，呈绿色，触角基部淡褐色，其余部分黑色，足黑色，基部淡黄色。有翅胎生雌蚜，头胸部黑色，腹部暗绿色，腹背有淡黑色纹。翅展长约 6.6 毫米，蜜管较长。

（2）**卵** 椭圆形，初为绿色，后变漆黑色。若虫形态近似无翅胎生雌蚜，呈淡绿色或淡红色，体较小。

3. 发生规律 李树上的蚜虫生活史比较复杂，以卵态在李树枝梢芽腋及小枝杈处越冬。翌年李树落花后，叶芽萌发时，陆续孵化。蚜虫群集在芽上危害，展叶以后，转至叶背危害（排泄蜜状黏液），被害叶向叶背不规则地卷缩，影响新梢生长和果实发育。5 月间繁殖迅速，危害最大。6 月份以后产生有翅蚜虫，转移到别的果树上危害。10 月份有翅蚜虫再回到李树上，产生有性蚜虫，交尾以后产卵越冬。温、湿度对蚜虫影响很大，凡是连日平均气温超过 30℃或低于 6℃时，虫口下降，气温在 6℃～30℃时发生数量一般都上升。但温度虽然适宜，空气相对湿度在 80% 以上或低于 40% 时，虫口数量也趋于下降。大风雨后，虫口也有减少的趋势。

4. 防治方法 ① 李树落花以后，至新梢生长期，喷 40% 乐果乳油 1 500～2 000 倍液，效果很好，但长期使用以后，容易产生抗性。②秋季产生越冬卵以前，喷 2.5% 溴氰菊酯乳油 8 000 倍液，防止害虫产卵的效果好。

第九章

设施栽培

一、设施栽培的环境调节

露地栽培常因气象条件难以调控，往往会遇到自然灾害或目标管理上力不能及的问题。设施栽培虽因覆盖影响光照条件，但可以调节与果树生产相关的温度、湿度、水分、二氧化碳等因素，调节程度是设施栽培成败的关键。李树不同生育期对环境条件的要求不同，设施内环境的调节必须尽可能满足各个生育期的要求。例如，果实成熟前要增加光照，果实膨大期和花芽分化盛期要进行二氧化碳施肥，不同时期要满足温度和湿度的要求（表9-1）。

表9-1　李设施栽培不同生育期温、湿度管理标准

生育期温、湿度	升温期	初花期	盛花期	果实膨大期		成熟期
				前　期	后　期	
昼温（℃）	20	20	18～20	22	23～26	25～28
夜温（℃）	0～2	3	5～7	8～11	10～15	10
昼湿（%）	50	40	35	40	35	30
夜湿（%）	90	80	60	60	60	50
灌水量（毫米）	50	20	洒水调节	15	10	10

（一）设施李树栽培中的增光技术

日光温室果树栽培生产是在冬季、早春和秋季进行，在这段时间里太阳光照在全年中较弱，光线透过塑料薄膜后，光强减弱，常常不能满足果树生长的需要，因而必须采用增光措施。除选择优型温室、棚室，优质透光保温塑料薄膜外，还应采用如下几项增光技术。

1. 清扫棚面　每天早晨用笤帚或布条、旧衣物等捆绑在木杆上，将塑料薄膜温室大棚薄膜自上而下地把尘土或杂物清扫干净。这项工作虽然较费工、麻烦，但是增加光照的效果是显著的。

2. 挂反光幕　利用聚氨酯镀铝膜做反光幕将射入温室后墙的太阳光反射到前部，能增加光照25%左右。一般每667米^{2}增加产值1 000元左右。目前，在辽宁省营口、大连、沈阳等地区日光温室果树生产上都有应用。

张挂反光膜时，先在中柱南侧后墙、山墙的最高点横拉一细铁丝，把两幅幅宽1米的聚酯镀铝膜用透明胶布（纸）粘连成2米宽的幕布，上端搭在铁丝上，折过来用透明胶布（纸）粘住，下端卷入竹竿或细绳中。挂反光幕可使后墙贮热能力下降，加大温差，有利于果实生长发育，增产、增效。

3. 地面铺设反光膜　在日光温室果树的果实成熟前30～40天，在树冠下的地面上铺设聚氨酯镀铝膜，将直射到树冠下的太阳光，由反光膜反射到树冠下部和中部的叶片和果实上。光照强度的增加，提高了树冠下层叶片的光合作用，使光合产物增加，从而促使果个增大，含糖量增加，着色面也扩大。这样，不仅提高了果实的质量，而且提高了产量，增加了经济收入。

4. 延长光照时间　合理减少覆盖草苫时间也可以增加光照。通常在日出后1小时左右揭帘，揭苫后如果棚膜出现白霜，表明揭帘时间偏早。太阳落日前半小时盖苫，不宜过晚，否则会使室温下降。如遇连续阴天，则应进行人工照明补充光照。

5. 减少棚膜水滴 棚膜水滴能够强烈地吸收、反射太阳光线。根据日本资料介绍,严重时可使透光率下降50%左右。所以,清除棚膜上的水滴、水膜是增加光的有效措施之一。而要消除棚膜上的水膜、水滴,除选择棚膜外,还必须降低棚室内的空气相对湿度。一般采用的方法有以下几个方面。

(1) 选用无滴膜 试验证明,使用 PVC 无滴膜比用 PVC 普通棚膜的棚室内透光率提高 20%~30%,日平均气温高 3℃~5℃,5 厘米处地温在早晨 7 时平均高 7℃,中午高 3℃~4℃。对于使用 PVC 或 PE 普通棚膜覆盖的棚室应及时清除棚膜上的露滴。其方法可用 70 克明矾 +40 克敌磺钠 +15 升水喷洒棚面,能有效地除去水滴,增加光照强度。

(2) 采用地膜覆盖 塑料棚室内应采用地膜覆盖栽培,以减少土壤水分蒸发,降低相对湿度,增加光照。

(3) 改进灌水方法 采用地膜下滴灌技术,可降低空气相对湿度 6.7%~14.7%,增加光照。

(4) 加强通风管理 在注意保温的前提下,注意通风排湿,特别是在灌水后应抓好通风排湿工作,增加光照。

(5) 灌水后松土 此举可减少水分蒸发,降低空气湿度,增加光照。

(二)保温设施与温度调节技术

1. 保温设施 设施果树生产中,除了塑料薄膜保温外,还可采用草苫、纸被等保温设施。

(1) 草苫草帘 是传统使用的保温物质,一种是用稻草和绳筋纺织而成的稻草苫,另一种是由蒲草和绳筋纺织而成的蒲草帘。

(2) 纸被 纸被是用 4~7 层牛皮纸或水泥袋包装纸缝制而成,长度视棚室的跨度而定,能够盖严即可。通常与草苫配套覆盖应用,即覆盖在棚室塑料薄膜外的草苫下,这样既能增强保温效果，又能减少草苫对棚室塑料薄膜的磨损。覆盖一层纸被和一层草苫，可使棚室内夜间最低温度提高 4℃～6℃。

（3）**塑料大棚保温幕** 塑料大棚保温幕又称二道幕，即大棚的二层覆盖，有的用普通塑料薄膜，有的用较外膜稍薄的专制二道幕用的塑料薄膜。加一层覆盖可升高棚内气温 3℃～4℃。

（4）**防寒沟** 在塑料薄膜日光温室的南沿外侧和东西两头的山墙外侧，挖宽 30～40 厘米、深 40～70 厘米的沟，用以阻隔室内地温向外传导或阻隔外部土壤低温向室内传导，减少热损失。在土壤封冻前挖好防寒沟后，即在沟内填入锯末、树叶、稻壳、稻草等物，经踩实后表面盖层薄土封闭沟表面。这样，既可阻隔热传导，又可防止沟沿崩塌。

2. 温度调节技术

（1）**正确掌握揭盖草帘、纸被的时间** 虽然早揭晚盖可以增加棚室内光照时间，但是揭得过早或盖得过晚会导致气温明显下降。冬季盖草苫、纸被后，气温短时间内会回升 2℃～3℃，然后非常缓慢地下降。若盖后气温没有回升而是一直下降，这说明盖晚了。揭苫和纸被后气温不降而立即升高，说明揭晚了。揭苫和纸被之前，若室温明显高于临界温度，日出后可以适当早揭。生产上也可以根据太阳高度来掌握揭苫和纸被的时间，一般是当早晨光洒满整个棚面（前坡）时即可揭开，在极端寒冷或大风天要适当早盖晚揭。

（2）**正确利用通风技术** 通风是常用的降温措施。塑料棚室多用自然通风来抑制气温升高。通风要根据季节天气情况和李树不同生育期灵活掌握。冬季、早春通风要在外界气温较高时进行，而且要严格控制开启通风口的大小和通风时间。通风早、时间长或开启通风口大，都可能引起气温急剧下降。冬季和早春不宜通早风。进入深冬重点是保温，必要时只需在中午打开上通风口排除湿气和废气，并适可而止。冬季一般要严密封闭，不进行通风。

（3）**利用酿热加温**　利用有机物酿热补充加温是一种较古老的加温方式，这种加热方式成本较低，取材方便，可提高温度 $3℃\sim4℃$。酿热用人畜粪尿、油渣、棉籽壳、麦秸、橘杆等均可。

（4）**棚内地膜覆盖**　棚室内地膜覆盖是增高地温的有效措施。一般可提高地温 $1℃\sim3℃$，同时可增加光照。

3. 土壤及空气湿度调节技术　土壤水分对李树的生长发育尤其是果实的膨大及品质的影响很大。设施覆盖会挡住自然降水，所以土壤水分完全要进行人工调控，准确确定土壤水分含量的上下阈值，对丰产、优质生产极为重要。为了控制空气相对湿度，防止结露，需要注意以下几点：①尽量采用膜下滴灌。②阴雨天气温较低时避免灌水。③一次灌水量不可过大。④灌水后要及时通风排湿。

4. 二氧化碳施用技术　二氧化碳浓度的提高在一定程度上可抵消由于光照减弱而造成的果树光合化生产力的降低，二氧化碳浓度达室外 3 倍时，光合强度也提高到原来的 2 倍以上，而且在弱光下效果明显。设施内增施二氧化碳可收到明显的增产效果。二氧化碳的增加可使用以下几种方法。

（1）**施固体二氧化碳**　固体二氧化碳为褐色，直径 10 毫米，扁圆形固体颗粒。每粒 0.6 克，含二氧化碳量为 $0.08\sim0.096$ 克。每 667 米 ^{2} 施入 40 千克，塑料棚室内二氧化碳浓度高达 1000 毫克/升，施后 6 天可产生二氧化碳，有效期可达 90 天左右，高效期为 $40\sim60$ 天。

（2）**二氧化碳发生器施肥**　二氧化碳发生器的原理是用硫酸和碳酸盐反应产生二氧化碳。据生产实践证明，2 千克碳酸氢铵加 1.2 千克硫酸反应后生成 1 千克二氧化碳气体，可使 667 米 ^{2} 的棚室内二氧化碳浓度增加 420 毫克/升。

（3）**多施有机肥**　在我国目前的条件下，补充二氧化碳比较现实的方法是在土壤中增施有机肥。1 吨有机物最终能释放出 1.5 吨二氧化碳。试验证明，施入土壤中的有机物和覆盖地面的稻草、麦糠等能产生大量的二氧化碳。另外，还可用燃烧法、机械送入法等增施二氧化碳。

无论采用何种方法，都应解决所适宜的二氧化碳气源、气体扩散所需时间、促进扩散的方法及合理有效地使用浓度等问题。另外，要与李树需要同化产物的旺盛期相适应，二氧化碳使用的关键时间是果实膨大期和花芽分化盛期。

二、设施栽培的建园技术

（一）品种选择

设施李栽培应选择需冷量低、成熟期早、个大味浓、品质优良、丰产性好、便于管理且抗病性强的品种。目前，设施栽培适宜的品种主要有大石早生李、莫尔特尼李、长李 15 号、美丽李、早美丽李、蜜思李和黑琥珀李等。

（二）苗木准备和定植

1. 苗木准备　设施栽培要选优质壮苗栽植，要求品种纯正，根系发达，愈合良好，无机械损伤，无病虫危害现象。苗木高度 90 厘米以上，粗 0.7 厘米以上，接口以上 40～80 厘米的整形带内有饱满而健壮的芽。侧根有 4 条以上，长度在 15 厘米以上。

2. 定植分秋栽和春栽两个时期　秋栽比春栽好，成活率高，生长快，株行距采用（1～1.5）米×（2～3）米。栽植方式以南北行的长方形为宜。由于多数品种自花不实，所以需配置授粉树。在一栋设施内，最好栽植 2～3 个品种，以相互授粉。配置方式可采用行列式。

设施栽培密度大，要求挖通沟。根据土壤情况决定沟的深度和宽度，一般土质硬的需挖宽 1 米、深 1 米的通沟，土质松的挖宽 0.7 米、深 0.7 米即可。开沟挖穴工作一定要提前进行，随挖随栽效果不好。通沟挖好后，先将表土填至离地面 40～50 厘米时，每株施有机肥 15～25 千克、磷肥 0.5～1 千克，与土混合搅匀，再用生土将沟填平，最后顺沟灌饱水 1 次，使疏土沉实待栽。设施栽培定植与露地定植基本相同，按计划好的株距进行栽植即可，注意栽植深度，以起苗土印与地平面相平为宜，这样生长快；若栽植过深，则生长慢。栽植时按株距将苗放入定植坑扶直，左右对齐，纵横成行，然后填土，边填边踏边提苗舒根并轻轻摇动，以便根系向下伸展，与土密接，土填至地平即可。定植后随即做树盘，立即浇水，等水渗后，最好进行覆膜，覆膜时两边一定要用土压好，防止大风损坏地膜，失去覆膜的作用。

三、扣棚前的管理

（一）土肥水管理

定植当年，当新梢长至 15 厘米左右时开始追肥，前期以氮肥为主，每株追施尿素 50 克左右，同时叶面喷施 0.3%～0.5% 磷酸二氢钾或 200～400 倍光合微肥，结合追肥浇水 3～4 次。10 月上旬开始扩穴追肥，每 667 米^2 施磷酸钾复合肥 30～50 千克、腐熟鸡粪 750 千克，随即浇 1 遍透水。

以后，每年每 667 米^2 秋施有机肥 3 000～6 000 千克、磷肥 5 千克、硫酸钾复合肥 50 千克作为基肥，表面撒施后浅埋。花后、硬核期、幼果膨大期和采收后及时追肥。生长前期以氮肥为主，生长中后期以磷、钾肥为主。花后 2 周叶幕形成后，叶面喷施 0.3% 尿素 +0.3% 磷酸二氢钾 +0.2% 光合微肥，每 15 天喷施 1 次，共喷施 3～5 次。

萌芽前、花后、硬核期和幼果膨大期各浇水 1 次，果实采收后视干旱情况及时浇水。浇水一般采用沟灌、滴灌等。要在保护地内设置排水沟，以便多雨季节及时排水。

为了使扣棚后的地温和气温协调，一般在扣棚前 20～30 天覆地膜。

（二）整形修剪

每行北段按细长纺锤形、中段按小冠疏层形、南段按自然开心形进行整形。5 月份开始定梢，选留角度较好的新梢 5～8 个，当新梢长到 20～40 厘米时，选 3～5 个进行培养，反复摘心，疏除过密枝。7 月中旬、8 月初、8 月中旬分别喷施 300 倍、200 倍、100 倍多效唑，以控制新梢生长，促进成花。第二年的 7～8 月份每株土施 10～15 克多效唑，以促进树体成花。

四、扣棚后的管理

（一）扣棚至萌芽前

1. 扣棚升温　根据不同地区秋季降温的早晚，一般 11 月下旬至 12 月中旬扣棚，扣上塑料薄膜后覆盖草苫，使树体处于黑暗条件下约 1 个月，促其休眠。然后于 12 月下旬至 1 月中旬逐渐揭开草帘开始升温，经 3～5 天后全部揭开。太阳升起后的早上 7.5～8 时卷起草苫和纸被，见光升温，日落前的下午 4～5 时盖好草苫或纸被保温。在寒冷的地区，夜间增盖纸被保温效果好。

塑料薄膜温室内的温度主要靠开、闭通气风口和盖、揭草苫或纸被等来调控。从休眠结束至萌芽期，白天气温最高调控在 20℃，夜间气温最低在 1℃～3℃。此期间室内空气相对湿度因前期灌水、铺盖地膜，白天在 70% 左右，晚间可达 95%。

2. 追肥　在李树萌芽前 20 天左右沟施速效肥，其目的是补充树体储藏营养的不足，为萌芽做好物质准备，对花芽的继续分化和提高坐果率有促进作用。

3. 病虫害防治　萌芽前对树体喷 3～5 波美度石硫合剂，杀

灭越冬病虫害。

（二）萌 芽 期

1. 修剪 此期修剪应注重抹芽。可将位置不当、生长过密的芽抹掉，这样可减少无效消耗，促使养分集中于花芽，有利于开花和坐果，并可改善通风透光条件。

2. 温、湿度管理 萌芽期的温度应调控在 10℃～15℃，最适宜温度为 12℃～14℃，白天最高温度不应超过 20℃，夜间温度不应低于 8℃，空气相对湿度应调控在 60%～80%。

（三）开 花 期

1. 花期授粉 人工授粉是李日光温室栽培的关键环节，直接影响产量和效益。在主栽品种和预定授粉前 1～3 天，采集授粉树上大蕾花朵，摘取花药，散粉后于每天上午 8～10 时进行人工授粉。还可以在花期放蜂进行辅助授粉。

2. 温、湿度管理 这一时期外界夜间温度较低，中午时设施内温度又较高，管理时需特别注意。

李树在 7℃以上即可授粉受精，但最适宜的温度为 12℃～16℃。此时期白天温度不要超过 20℃，高温时保持在 18℃～20℃。夜间花蕾期不能低于 4℃，花期不低于 6℃，否则会出现冷害，在北方这一时期必须加 5～7 层的纸被等保温。

在开花授粉受精时期，相对湿度过高或过低都不利于授粉受精。相对湿度超过 60% 会影响授粉；相对湿度低于 30%，柱头容易干燥，也不利于受精。此时的空气相对湿度以维持 50% 为宜。白天湿度过低时可喷水。

此期间如果遇到灾害性天气，如大风、大雪，使设施上的草帘不能卷起。在无法利用日光维持室温的情况下，栽培者应该利于电炉或炭火盆等方法适时加热增温，待天晴后立即揭苫，利用日光升温。

（四）幼 果 期

1. 疏果 一般李花期经人工多次授粉后坐果率高。为了使李保持高产、稳产、优质，必须适时适量进行疏果。

疏果时期应在能够判断坐果稳定的状况下尽早进行。对于果实较小、成熟期早、生理落果少的品种，可在花后20天（第二次生理落果结束）后进行。设施内的小气候条件有差异，疏果时期不应该同时进行，可根据实际情况安排。生理落果严重的品种，如大石早生、美丽李、大石中生等品种，应该在确认已经坐住果以后再行疏果。

疏果标准一般以每16片叶子留1个果，果实间隔距离在6～8厘米为宜。疏果时应保留发育良好的果实，疏除虫果、伤果、畸形果和小果，多保留侧生和向下着生的果实。

2. 温、湿度管理 此期白天有时温度过高，在气窗调节受限时，可采用间隔放苫遮阴的办法降温。最高温度不能超过22℃，夜间温度最低为8℃，温度低于8℃时需加热保温。

果实幼果期需要足够的水分，视棚内土壤干燥的情况，可灌小水1次。灌水后适时浅耕，防止土壤板结，为根系创造良好的通气环境。

（五）果实膨大期

1. 温、湿度管理 果实膨大期要求较高的温度。一般白天控制在23℃～26℃，夜间控制在10℃～15℃，对果实生长有利。但在膨大后期的夜间可以撤去纸被，只盖草苫，揭下的纸被放好待翌年再用。温度降低到10℃，这样有利于着色和品质的提高。空气相对湿度控制在60%，可灌小水2次。

2. 生长季修剪 此期在新梢生长到40厘米左右时摘心。摘心可暂时抑制新梢生长，提早萌发副梢和降低其萌发部位，加速果实的生长。对骨干枝背上的强旺新梢重摘心，可促发中庸分枝，形成良好的中、短果枝。对壮树的旺枝摘心时间要早，可进行 2～3 次摘心，弱枝一般不摘心。

3. 追肥 此期叶面喷肥或地下追肥，是有效地增加产量和提高品质的措施。叶面喷肥以 0.3%～0.5% 尿素溶液为主，土壤一般追施钾肥，每株施 0.2～0.5 千克，控制氮肥。

（六）成 熟 期

1. 温、湿度管理 成熟期间昼夜温差越大，着色越好。白天温度可保持在 25℃～26℃，不能超过 30℃。夜间可以打开天窗和地窗利用自然低温降低温度，不需覆盖草苫，塑料薄膜也呈半盖半揭状。撤下的草帘放好留翌年用。

此期间温度高，须昼夜通风，若湿度下降很大，需灌小水或洒水补充。空气相对湿度保持在 50%～60%。

2. 生长季修剪 此时期新梢生长旺盛，有大量徒长枝抽生。应将内膛生长强旺的徒长枝全部除掉，对其余枝采取扭梢、摘心等措施控制其生长，使阳光能照射到树冠内部。对于果实周围遮光的叶片可摘除，使果实见光着色。

3. 采收 采收应分批，因设施内环境差异，果实成熟度稍有不同。随采随卖，逐渐分批采收。远离城市的地区应采收八九成熟的果实。大石早生李果顶稍有红晕时即可采收。

五、采收后的管理

李果实采应收后立即撤除所有覆盖物，使树体暴露在自然环境中，以求得到充足的阳光，使枝芽发育充实饱满。为防止突然撤除覆盖物引起叶片和嫩枝的日灼，应选择在阴天或傍晚撤膜。

（一）早施基肥

撤膜 10 天后及时施入有机肥，并辅以适量的速效复合肥。

施肥可采用树冠外围环状沟施，沟深40厘米左右，断根施肥可促发新根。有机肥要求充分腐熟，以尽快发挥肥效。施入量要比露地栽培多20%～30%，施后浇透水。

（二）增加根外施肥

由于设施栽培发芽早，叶片生长时间长，后期功能已减弱早衰。因此，应增加叶面喷肥的次数，喷肥以氮肥为主，可喷0.3%尿素液，20～25天1次，连续喷2～3次，以提高叶片的生理活性，增强其同化功能。

（三）加大修剪量

由于设施栽培期光照较弱，加上高温、高湿环境，极易造成徒长，树势不稳。因此，应及时对李树进行修剪，例如，剪除过密的背上枝及内膛细弱枝、疏除遮光的大枝，回缩长结果枝。同时，进行拉枝开角，调整枝条布局和枝叶量，合理利用空间，从而充分改善保留枝的通风、光照条件，促进营养物质的积累，达到壮树、稳势的目的。还应充分注意在采果后对果树及时修剪，以利于形成花芽和花芽分化。

第十章
果实采收及采后加工

一、果实采收

果实采收是栽培的最后一个环节，也是果品商品处理的最初一环。采收质量的好坏直接决定着果实品质，影响果实的商品价值。

（一）果实的成熟度

李果实的成熟可分为可采成熟度、消费成熟度和生理成熟度3种，可根据不同的需要在不同时期采收。

1. 可采收熟度 李果若需要外运远销，加工制脯、制罐等，在八成熟时采收最佳。此时的果实发育到该果品种果实固有大小，果面由绿转为黄绿，阳面呈现红色，但果肉仍然坚硬，此时果内营养物质已经完成积累，但尚未充分转化，此时采收，再经过一系列的商品处理后，李果可达到消费最佳状态。

2. 消费成熟度 李果鲜销或加工制汁、制酱的果实可在九成熟时采摘。此时的果面绿色完全褪去，呈现出品种固有的色调和色相，果肉由硬变软，并散发出固有的香气，这时采收最合适。

3. 生理成熟度 当李果由硬变松软，品种固有的香气充分挥发出来，有部分果实开始自然落果时为生理成熟度（俗称十成熟）。此时的果实鲜食风味最佳，但只能供来园旅游观光者自采自食，不能上市销售，可供附近的果汁加工企业利用。

（二）采收期的确定

李果采收期的确定，应根据品种和用途的不同而定。主要取决于果实的成熟度、采后用途、贮藏方法、运输方式和距离及市场需要、气候条件等方面因素。

李果的成熟特征是绿色逐渐减退，显出品种固有的颜色。大部分品种的果面有果粉，有的有明显的果点，肉质稍变软。红色品种在果实着色面积占全果将近一半时为硬熟期，80%～90%着色时为半软熟期。黄色品种在果皮由绿转为绿白色时为硬熟期，果实呈淡黄绿时为半软熟期。李果采收必须适时，采收过早风味不佳；采收过迟，风味减退，更不利于贮藏。

（三）采收技术

1. 采前准备 采收前一定要精心准备采摘、盛果的工具，运输车辆和放果的棚舍或场地。在采摘前先做好估产，估产的方法是按总株数的 1%～3% 选为代表性的树，逐一调查每棵树上果实的个数，取平均株果个数乘以平均单果重，再乘以总株数即知全园总产量。鲜食果每个熟练工人每天可采收 200 千克左右，加工用果每人每天可采收 300 千克以上。

2. 采收方法 人工采摘是当前的主要采收方法，即用手轻轻托住果实，食指抵住果柄基部，轻轻向上一掀即可。摘下的果实先轻轻放在铺有毛纸或布的篮子或布兜里，装满后再拣入果箱。每箱装填要适量，不可过多过高，以免挤压。

3. 注意事项 ①在采收的当日以上午 10～12 时和下午 3 时以后采摘为宜。这样既可避免早上的露水污染果面，又不会使果实温度太高，有利于下一步的贮藏保鲜和运销。②采收时要防止一切机械损伤，如指甲伤、碰伤、摔伤、压伤等。要轻摘、轻放、轻装、轻卸，并要防止碰伤枝条、折断果枝、破损花芽。必须严格按照采收顺序和方法采摘。在同一株树上采收，应先外后内、先下后上。摘果时用手托住果实，食指按住果柄与果枝连接处，将李果扭向一方或向上轻托，使果实与树枝分离，注意保护果面的蜡粉。③由于不同株间、同一株间不同部位的果实成熟度有很大差异，为了提高商品价值，应分批采收。

二、采后处理

李果采后处理可使果实商品化、规格化和美观化，是改善商品价值，提高经济效益的重要措施。

（一）分　级

严格的果实分级可以保证高价格销售，从而实现李树高效益栽培。

1. 果实大小等级　按不同品种的单果大小分为1A级、2A级、3A级和4A级四类。每类型中又分三级（特等、一等、二等果）。1A级果重 <50克，2A级果重（50～79克），3A级果重（80～109克），4A级果重≥110克。

2. 质量等级　李果实质量等级规格应符合表10-1的规定。

（二）预　冷

李果采收正值高温季节，采后果实温度高，呼吸旺盛，应立即预冷降温，减少养分损耗，以保持果实品质，便于运输。遇阴雨天应搭棚防雨，防止果实腐烂。在远销和贮藏前，要将果实预冷到4℃。预冷方法：①在冷库中进行，如采用鼓风冷却系统更有利于降温，风速越大，降温效果越好。②用0.5℃～1℃的冷水进行冷却。③用真空冷却或冰冷却等。

表 10-1　李果实质量等级规格指标

等　级		特等果	一等果	二等果
基本要求		果实基本发育成熟，新鲜洁净，无异味，无不正常外来水分、刺伤、药害及病害。具有适于市场或贮藏要求的成熟度		
色　泽		具有本品种成熟时应具有的色泽		
果　形		端　正	比较端正	可有缺陷，但不得畸形
可溶性固形物（％）	早熟果	≥ 12.5	12.4～11.0	10.9～9.0
	中熟果	≥ 13.0	12.9～11.5	11.4～10.0
	晚熟果	≥ 14.0	13.9～12.0	11.9～9.5
果面缺陷	磨　伤	无	无	允许面积小于 0.5 厘米^2 轻微磨擦伤 1 处
	日　灼	无	无	允许轻微日灼，面积不超过 0.4 厘米^2
	雹　伤	无	无	允许轻微雹伤，面积不超过 0.2 厘米^2
	碰压伤	无	无	允许面积小于 0.5 厘米^2 碰压伤 1 处
	裂　果	无	无	允许轻微裂果，面积小于 0.5 厘米^2
	虫　伤	无	无	允许干枯虫伤，面积不超过 0.1 厘米^2
	病　伤	无	无	允许病伤，面积不超过 0.1 厘米^2

注：果实含酸量不能低于 0.7％。

（三）包　装

　　包装是果实标准化、商品化、保证安全贮运的重要措施，可以减少贮藏、运输和销售过程中所造成的损失。

　　包装可用纸箱、透明塑料果型模盒、塑料箱、木箱等容器，均不宜过大，内部码放层数不宜过多，以免压伤果实。用纸箱包装时，每件净重 10 千克；用透明塑料盒时，每盒 4～8 个果；用塑料箱时，每件净重 10～15 千克；用木箱装时，每件 10～20 千克。对包装容器的卫生和商标均按标准规定执行，不可造成二次污染。用于长期贮藏和长途运输时，应用钙塑瓦楞纸箱，箱内分格，一果一纸单独摆放。

（四）贮藏和运输

需贮藏的李果在八成熟时采收，采收后应经过 6～12 小时预冷，贮藏最适温度在 0℃～1℃，空气相对湿度为 90%～95%。贮藏期限因品种而异，最佳时间为 45～90 天。出库前 1～2 天要升温，与外界保持 6℃～8℃的温差时才可出库。

李果的运输工具最好具备冷藏设施。运输李果必须做到：①运输车辆清洁，不带油污及其他有害物质。②装卸操作轻拿轻放，运输过程中尽量快装、快卸，并注意通风，防止日晒雨淋。③运输温度控制在 0℃～7.2℃（视成熟度与运输距离而定）。如果使用不具冷藏设施的普通汽车运输，应避开炎热的天气，以夜间行车为好，力求做到当日采收、当日预冷、当日运输。

三、李子加工技术

李子的果肉中，含有碳水化合物、蛋白质、果酸等物质，还含有大量的维生素 C。李子除鲜食外，还可加工成糖水李子罐头、蜜饯、果酱、果汁、果干等，可以长期供应市场，增加收入，调节市场果品结构。

（一）加工前处理

果实加工以前都需要一定的原料处理工作，如选料、分级、洗涤、去皮等，通过这些处理可以提高果品的商品价值，便于提高加工效率。①对于制作罐头的李果，首先在选料时必须要求品种含糖量高、含酸量适当、肉质厚、香味浓、外观色泽好，能够耐杀菌热力。②对于制作果汁、果酱的李果，要求汁多、香味浓、糖酸度适宜、容易榨取汁液的果实。③对于干制品则要求果实含水量少、干物质含量高、核较小、风味正常。④对于制作果酱、果冻的李果则要求果实果胶含量丰富，糖酸比例适宜，色泽较好的原料。为了保证加工品的质量一致，大小均匀，果实加工前必须进行分级，用分级机或分级板，将果实分为2～3个等级，同时剔除掉霉烂、有病虫的果实。

　　果实分级选好后，紧接着便要进行果实的洗涤，洗涤就是用清水或用洗涤剂洗除粘附在水果皮上的尘土、污染物及残留农药。

　　果实洗涤可用清水洗涤也可用化学洗涤。清水洗涤就是将李果放入清水中，用手搓或者用木棒不断搅动，洗掉泥沙等污染物。为了防止果实病虫害和避免有毒有害物质残留在果皮上，必须采用化学洗涤法，具体要求如下：①高锰酸钾溶液清洗。将水果浸泡在含0.1%高锰酸钾溶液中，数分钟取出，用清水漂洗干净。②漂白粉混悬液清洗。将水果放在含0.06%的漂白粉溶液中浸泡几分钟，取出后用清水洗去漂白粉。

　　果实洗涤后的工作便是去皮、去核。李果去皮比较实用的方法是碱液去皮法，就是将水果在一定浓度和温度的碱液中浸渍，待果皮腐蚀后立即取出，用清水冲洗，去除皮屑。碱液去皮时，应根据果实种类、品种及成熟度，调节碱液浓度、温度和处理时间。煮碱用具不能用铁具，必须用耐酸碱的不锈钢，一般用夹层锅，用蒸汽加热，以利于控制温度。碱液配制的方法是按规定配制浓度，将氢氧化钠加入少量水溶解，再倒进一定量的沸水中。处理的具体方法是将需要去皮的原料，装入不锈钢网筐内，放入配制好的碱液中，以完全浸没为度，不断搅拌，待皮肉分离后，取出用清水冲洗。为了防止果实褐变，冲洗时可将果实放在0.25%～0.5%的稀柠檬酸和0.1%的稀盐酸溶液中浸泡几秒钟，使余碱与酸中和。碱液使用一段时间后，浓度降低，需及时补充碱液。

果品加工用水对水质有一定要求，要进行必要的处理才能使用。果品加工时，一部分水用于洗涤原料，一部分水用于清洗加工器具和设备。凡是用作果品直接接触加工的水，首先必须符合饮用标准，无色无味、无病菌，不含有毒、有害物质，水中还不宜含过多铁。盐或硬水中的钙盐可使果肉变硬，所以硬度过大的水不适于作加工用水。根据以上要求，地下深井水或自来水厂水可直接用作加工，对江河、湖泊、水库的水，需进行澄清、消毒、软化等净化处理。天然水中含有大量的有害微生物，为了达到饮用水标准，必须进行消毒处理。一般用的消毒剂是漂白粉，漂白粉加入水中后，能杀死水中的细菌。

（二）李果加工技术

1. 糖水李罐头　工艺流程如下。

原料选择→分级→清洗→去皮→修整→预煮→分选→装罐→加热排气→封罐→杀菌→擦罐入库

（1）**选果与分级**　用做加工的李果必须是个大、肉厚、新鲜饱满并带有香味的李子，成熟度以七八成熟为宜，无霉烂无病虫无机械损伤。果实横径应在30毫米以上，并按果实成熟度、色泽和大小分级。

（2）**洗涤**　把果实放在有孔的专用器具内再沉入水槽中浸洗。也可以把果实直接放在水槽中浸泡润湿，使泥沙松脱后再用高压水喷洒洗淋。

（3）**去皮**　将10%～20%的氢氧化钠溶液加热至98℃～100℃后，倒入李子，浸泡1～2分钟后，取出立即放在流动清水中搓洗，除去残留碱液。

（4）**配制糖液**　糖水罐头所用的糖液主要选用蔗糖的水溶液。装罐时需用的糖液浓度均要求为产品开罐后的糖液浓度，即

14%～18%。装罐前的糖液浓度须结合装罐前李果本身可溶性固形物含量，每罐装入果肉以及每罐实际注入的糖液数量进行推算。配制方法是按计算的数量称取砂糖和水，放在溶液锅内加热搅拌，煮沸后过滤。

（5）**装罐** 装罐前应将罐头瓶清洗干净并进行消毒处理，连同罐盖及胶圈也进行消毒。将处理好的李果原料装入罐内，再加入已校正好的蔗糖溶液。

（6）**加热排气** 将装好的玻璃罐放入排气箱中加热排气10～20分钟。

（7）**封罐** 罐的中心温度在80℃以上，趁热封罐。

（8）**杀菌、冷却** 目前生产中多采用沸水杀菌。方法是将密封后的罐头放在沸水中煮沸10～20分钟后，用热水分级冷却，当冷却到罐头内部温度38℃～40℃时，即停止冷却。

（9）**擦罐、入库** 及时擦净罐外水珠，在常温仓库内保存1周，再进行成品检验。

2. 李果酱罐头

（1）**原料处理** 将无病虫害的李果经水洗后切成两半，去除果核及果柄。用7%的碱液脱皮，将经过脱皮处理的李果用清水冲洗干净。

（2）**加热软化** 将经过去皮处理的李果称重后放入锅中，再加入相当于果肉重量20%左右的软化水，进行加热软化，时间为10～20分钟。加温速度宜快，若加热时间过长，则影响风味和色泽。

（3）**加糖浓缩** 每100千克果肉需加75%的糖液131升；用这些原料和砂糖，可加工成品李果酱153.25千克。为了增加果酱的风味和稠度，必要时还可在配料中添加柠檬酸及果胶或琼脂。

在果肉进行加热至15～20分钟时，立即加入配好的浓糖液，待浓缩到接近终点时，再依次加入果胶或琼脂、柠檬酸等，充分搅拌均匀。

浓缩的方法主要有常压加热，真空浓缩。李果酱成品要求呈胶黏状、酱体细腻，无结晶及汁液分泌现象，总糖不低于57%，可溶性固形物不低于65%。

（4）**装罐封口**　装罐前将玻璃罐清洗消毒，待果酱浓缩到终点时迅速出锅装罐，封口温度要求80℃～90℃。

（5）**杀菌、冷却**　封口后应进行杀菌处理。其方法是在沸水中煮10～15分钟，杀菌后先以50℃～60℃热水淋洗，再分级以冷水喷淋冷却到38℃，擦干入库贮存。

3. 李蜜饯　工艺流程如下。

选果→切分→浸渍→漂洗→预煮→糖渍→糖煮→装罐→密封→杀菌→冷却

（1）**选果**　蜜饯制品要求原料肉质紧密，煮制时不致软烂。选果时应选尚未成熟、果皮未着色的新鲜李果，去除掉病虫果，机械损伤果或过熟果。

（2）**切分**　为促使糖煮时糖分渗入，应将李果沿缝合线用刀切开，刀口深度0.5厘米左右，再将李果劈成两半，果肉不离核。然后再将每半个李果果肉纵切成一条条薄片，而每片都不离开果核，且两端仍连在一起。

（3）**浸渍**　为增加果实硬度，须先用石灰溶液浸渍保脆。石灰水的浓度为18%左右，浸渍时间3～5小时。

（4）**漂洗**　在硬化处理后，将经过石灰水浸渍的原料放在清水中漂洗。每隔6～8小时换1次清水，连续漂洗4～5次。直至果肉内石灰味完全消失。

（5）**预煮**　经过硬化的果肉通过预煮使之回软。预煮是在清水中煮烫，待李片色泽转黄并有弹性时，捞出来放在冷水中冷却，沥干水分备用。

（6）**糖渍**　将经过处理的李片倒入糖液中，上下翻动，经半小时后再将李片捞出。将再次加糖的溶液连同糖渍的李片倒入缸中，静置6～8小时，滤出糖液，再继续加糖。加热将糖溶解后再倒入缸中，上下翻动，浸渍 24 小时。

（7）**糖煮** 将上述浸渍 24 小时后的糖液滤出，加热煮沸，再将捞出的李片倒入糖液中煮沸 10 分钟，然后再加入 10 千克饴糖和 11 千克砂糖，煮沸 1.5 小时，当糖液温度达到 108℃或糖液浓度为 78% 时，即可捞出。装罐、密封、杀菌、冷却，成品即是糖渍蜜饯。

4. 李干 工艺流程如下。

原料选择→浸碱→漂洗→剖半去核→干制→包装

（1）**选料** 加工李干的果实要求果皮薄、核小、肉质密、纤维少、充分成熟的果实。

（2）**浸碱** 将果实用 0.25%～1.5% 氢氧化钠溶液浸泡 25～30 分钟。

（3）**漂洗** 用清水漂洗果实去碱液。

（4）**剖半去核** 用不锈钢刀沿果实缝合线切成两半，除去果核。

（5）**干制** 将原料放在晒盘上，放入烘房，初温为 45℃～55℃，终温为 70℃～75℃，终点相对湿度 20%，干燥时间 20～36 小时，中间翻动 1 次。

（6）**包装** 干燥后的成品，经挑选分级后，装入衬有防潮纸的纸箱中，贮藏回软 14～18 天。

制成品的质量应达到果肉柔韧、含水量 12%～18%、色泽鲜明的效果。

5. 李果汁 工艺流程如下。

选果→清洗→软化打浆→均质和脱气→装罐、密封→杀菌、冷却

（1）**选果、清洗** 榨汁用的李果应是果个较大、色泽艳、有香气、甜酸适度的果实。榨汁前要将果实清洗并消毒，先将果实用清水浸泡 20～30 分钟，再用流动清水进行清洗。

（2）**软化打浆** 将事先按配比兑好的糖液放在夹层锅中加热

至沸，再将经过处理的果块倒入糖液中，搅拌煮烫 5～10 分钟，然后再将经过软化的果块放入打浆机内打浆，再用孔径 1 毫米的筛板筛滤果汁。

（3）**均质和脱气**　经过打浆过滤处理后的果汁为浑浊果汁，应经过均质处理，使粒子大小均匀，使果胶和果汁充分混合。脱气是除去果汁中的空气，可抑制色素、维生素 C、香气成分以及其他物质氧化。脱气常用的方法有真空脱气法和酶法脱气法。

（4）**装罐、密封**　李汁装罐多采用素铁罐，用装罐机趁热装罐，装罐以后立即密封。

（5）**杀菌、冷却**　密封后将铁罐倒置装篮，迅速杀菌，杀菌方法有瞬间杀菌法和高温杀菌法，杀菌后迅速用冷水冷却。

附 表

李树周年管理历

休眠期（11月下旬至翌年3月上旬）	1. 修剪。①幼树以整形扩冠为主；②初结果树以多留枝、少短截、轻剪长放为主，对骨干枝短截促其分枝，利用短果枝结果，去除密生枝、徒长枝、病虫枝；③盛果树以改善光照、复壮枝组为主，对妨碍光照的大型辅养枝、结果力不强的裙枝以及外围过密枝要一律疏除 2. 清园除病虫。彻底清除园内病叶、病虫枝、枯枝以及园内外杂草，刮除粗皮裂皮，集中烧毁，断除病虫源 3. 树体涂白。对主干主枝涂白既可杀菌除虫又可防寒护树，争取在12月中旬前完成 4. 深翻、施肥、施药、灌水。深翻、施肥、施药灌水可结合进行；先深翻，后施肥施药，再灌越冬水；土要深翻但少断根；肥、药要施，但须施匀；水要灌足，但不积水
发芽至开花期（3月中下旬）	1. 追肥。初果树施0.4～0.7千克，以复合肥为主，也可施果树专用肥，能提高受精率，减少落花落果，促使新梢生长 2. 花前灌水，结合追肥进行 3. 春季中耕。应结合花前灌水进行，深度10～15厘米 4. 喷赤霉素。发芽前使用浓度5～10毫克/升，开花前使用浓度10～20毫克/升 5. 病虫防治。①3月中旬用5波美度石硫合剂＋30%绿得宝500倍液或代森锰锌防治李穿孔病、缩叶病、囊果病，3月下旬再用药1次。②3月底刮除流胶病部，涂5%腚·锌·福美双可湿性粉剂50克＋50%硫磺悬浮剂250克的混合药剂

续表

花期至落花后（4月份）	1. 喷肥。初花期喷肥是为了提高坐果率，喷施 0.3% 尿素 +0.5% 硼砂混合液 2. 疏花。以初花期开始，疏花时先疏叶芽花、枝基部花，再疏过密花，留枝中部花 3. 授粉。既可人工授粉，又可园内放蜂 4. 病虫防治。4月底喷 1 次 90% 敌百虫 1 200 倍液 +70% 代森锰锌 500 倍液，也可喷有机磷、菊酯类杀虫剂
幼果期（5月份）	1. 夏季修剪。①有空间的新梢长到 30 厘米时摘心，促发副梢形成花芽。②有空间的直立枝，背上枝扭梢。③疏除过密枝。④对下垂枝短截，利用背上枝抬高角度 2. 疏果、定果。在幼果黄豆粒大时进行，按叶果比 15～18 片叶留 1 个果，或按间距法，即中小型果品种 6～8 厘米留 1 个果，大型果品种 8～10 厘米留 1 个果 3. 喷肥。此期叶面喷美林高效钙 300 倍 +0.3% 硼砂混合液 4. 病虫防治。此期蚜虫发生，可用螨虱净、蛾螨灵 2 000 倍液喷防，如介壳虫发生，用 10% 克蚧灵 1 000 倍液
幼果期（5月份）	1. 夏季修剪。对上次摘心枝进行二次摘心 2. 中耕锄草，松土保墒 3. 追肥。中旬进行，株施三元复合肥 0.5～1 千克，或硝酸铵、硫酸钾各 0.5 千克，过磷酸钙 1 千克 4. 灌水。结合追肥进行 5. 套袋。在盛花期后 50 天左右进行，套前打药 1 次 6. 病虫防治。此期发生主要病虫害是李小食心虫、李叶穿孔病、裂果病、蚜虫、红蜘蛛。可选择的杀菌剂有 70% 代森锰锌、40% 氟硅唑、70% 硫酸链霉素、70% 甲基硫菌灵；杀虫剂有蛾螨灵、螨虱净、桃小灵及菊酯类药。杀菌剂和杀虫剂混合后加美林钙，每 10 天 1 次，连喷 2 次
果实膨大期（6月下旬至7月上旬）	1. 喷肥。叶面喷 0.3% 尿素 +0.3% 磷酸二氢钾 + 美林高效钙 300 倍液 2. 灌水。此时正是李树需水临界期，要及时灌水 3. 喷膜。于成熟前 20 天、10 天分别喷高脂膜，可减少病虫对李果的危害，防止裂果 4. 中耕，锄净杂草 5. 病虫防治，发生病虫害及防治用药与 5 月份相同

续表

成熟 采收期	1. 修剪，对新出的嫩梢摘心 2. 采收。7 月份中早熟品种采收，8 月上旬晚熟品种采收。选择气温凉爽晴天，上午 8～11 时、下午 3～6 时采收
采收后 （8 月下旬至 9 月份）	1. 施基肥。秋季施基肥比早春施基肥效果好，以有机肥为主，少量化肥条施于株行间 2. 喷肥。李果采收后，叶面喷施 0.3% 尿素 +0.3% 磷酸二氢钾混合液
落叶后 （10～11 月份）	1. 秋深耕，深耕 20 厘米以上 2. 灌封冻水。灌透但不积水 3. 清洁园地，清除落叶残枝，刮皮除草，集中烧毁

参考文献

［1］吕平会．李树周年管理新技术［C］．杨凌：西北农林科技大学出版社，2003．

［2］张志成．李树栽培［C］．西安：陕西人民教育出版社，1999．

［3］刘威生．李树杏树良种引种指导．北京：金盾出版社，2005．

［4］马锋旺．李树栽培新技术［C］．杨凌：西北农林科技大学出版社，2005．

［5］王玉柱．杏李栽培技术问答［C］．北京：中国农业出版社，1998．

［6］陈杰．李树整形修剪图解［C］．北京：金盾出版社，2006．

［7］吴国兴．李树保护地栽培［C］．北京：金盾出版社，2002．

［8］马焕．李杏三高栽培技术［C］．北京：中国农业大学出版社，1998．

［9］吕平会．李周年管理关键技术［C］．北京：金盾出版社，2013．

［10］冯明祥．桃杏李樱桃病虫害诊断与防治原色图谱［C］．北京：金盾出版社，2004．

［11］原双进．经济林优质丰产栽培新技术［C］．杨凌：西北农林科技大学出版社，2008．

参考文献

135

〔12〕王金政. 李、杏优质丰产栽培技术彩色图说〔C〕. 北京：中国农业出版社，2002.